AF643543

Alf Cremers

AUTOS FÜR DIE EWIGKEIT

Geheimtipps und Alltagshelden

Motor
buch
Verlag

IMPRESSUM

Einbandgestaltung: Luis dos Santos, unter Verwendung von Motiven aus dem Archiv der Motorpresse, Stuttgart

Fotos: Archiv Motorpresse (18-21, 50-51, 52-53, 58-59, 60-61, 102-103, 104-105, 106-107, 110-111, 112-113, 114-115, 152-153, 154-155, 160-161, 186-187, 188-189, 190-191, 192-193, 208-209, 210-211, 214-215, 216-217, 218-219, 220-221, 222-223); Karl-Heinz Augustin/mps (3, 22/23, 24-31, 70-77, 96-101, 116/117, 118-125, 126-133, 134-139, 140-145, 164-171, 172-183); Dino Eisele/mps (6/7, 8-17, 32-37, 62/63, 80-85, 194/195, 196-201); Achim Hartmann (56-57, 184-185); Sabine Hofmann/mps (64-69); Bernd Keidel (4, 5, 162/163, 212/213); Hardy Mutschler/mps (38-45); Ingolf Pompe/mps (86-95, 146-151, 202-207); Hans-Dieter Seufert (48-49, 54-55, 108-109, 156-157, 158-159).

Eine Haftung des Autors oder des Verlages und seiner Beauftragten für Personen-, Sach- und Vermögensschäden ist ausgeschlossen.

ISBN: 978-3-613-04541-5

Copyright © by Motorbuch Verlag, Postfach 103743, 70032 Stuttgart.
Ein Unternehmen der Paul Pietsch-Verlage GmbH & Co. KG

1. Auflage 2023

Sie finden uns im Internet unter www.motorbuch-verlag.de

Nachdruck, auch einzelner Teile, ist verboten. Das Urheberrecht und sämtliche weiteren Rechte sind dem Verlag vorbehalten. Übersetzung, Speicherung, Vervielfältigung und Verbreitung einschließlich Übernahme auf elektronische Datenträger wie DVD, CD-ROM usw. sowie Einspeicherung in elektronische Medien wie Internet usw. ist ohne vorherige Genehmigung des Verlages unzulässig und strafbar.

Lektorat: Bernd Keidel
Innengestaltung: WS – Werbeservice Linke, Karlsruhe
Druck und Bindung: Graspo CZ, 76302 Zlin
Printed in Czech Republic

Inhalt

INHALT

Ihr kurzer Weg zum Youngtimer

Sie warten überall: auf Kiesplätzen, bei Fähnchenhändlern oder auf privaten Stellplätzen mit handgeschriebenen »zu verkaufen«-Schildern. Man findet sie auch ohne Mühe im Internet auf Seiten wie mobile.de oder AutoScout24: Gebrauchtwagen, die trotz sechsstelliger Kilometerzahl ihr halbes Autoleben noch vor sich haben. Ein Gang über den Kiesplatz schafft Orientierung in der Angebotsfülle und offenbart so manchen Geheimtipp.

KROSCHKE

Winterliche Kiesplatz-Spätlese

Was Wäre Wenn?

… ich den BMW 735i sofort mitnähme oder den E 280 gleich behielte? Wenn mich der Volvo S60 spontan zum Kauf verführte? Jede Illusion könnte wahr werden. Genau das ist der prickelnde Reiz einer Kiesplatz-Tour.

Die Jahreswende steht kurz bevor. Viele Feiertage lassen ein streng geregeltes Familien-Programm erwarten. Für mich ist es die letzte Chance, auszubrechen. Zwei Tage lang. Das Jahr 2022 hat nur noch wenige, es wird sehr kontrolliert enden, ohne Freiräume. Ich liebe Freiräume und Kontrollverluste, ich finde sie nicht im Europa-Park Rust, aber auf den Kiesplätzen der Gebrauchtwagenhändler. Am liebsten gehe ich allein. Es hat etwas Kontemplatives, dieses multioptionale »Was wäre, wenn …?« auszuleben. Ich träume mich dabei weg aus dem Alltag und hinein in meine Auto-Vorlieben.

Am ersten Tag wird mich Volontärin Carina begleiten, ich konnte ihr den Wunsch nicht abschlagen. Trotzdem fürchte ich, dass sie meine Euphorie-Ausbrüche irritieren werden. Ich nenne diese heftige Begeisterung »Übersteuern«. Es dauert auch nicht lange, und es passiert. Auslöser auf einem Kiesplatz in Bad Waldsee ist ein cosmosschwarzer BMW 735i mit sandbeigem Leder in der extrafeinen Gerbstruktur »Montana«, die dem besten Connolly-Leder eines Rolls-Royce Silver Spirit gleichkommt. Ein traumhaft-ästhetisches Kontrastprogramm, das eine Probefahrt geradezu provoziert. Unversehens sitzen wir im großen Wagen. Schlüsselreize für mein gefühlsintensives Übersteuern sind schräge Farben, luxuriöse Velours- oder Lederinterieurs, der Klang eines V8 oder komplette Bordbücher.

BMW mit der Macht des V8

Der 735i ist aus zweiter Hand und hat viele kleine Schönheitsfehler, die ich durch meine rosarote V8-Brille mit Connolly-Tönung wegfiltere: den Riss im Fahrersitz oder die Klarlack-Ablösung rechts über der Shadowline-Silhouette. Der V8 ist auf Betriebstemperatur. Er grummelt zufrieden vor sich hin, ein unauffälliger, satter Klang, den ich begeistert kommentiere. Der Sound lässt stets die Kraft von 235 PS erahnen. Carina sieht mich mit großen Augen an, während ich die betörende Melodie des Viernockenwellen-Achtzylinders nachsumme und mich erhaben wie ein Kapitän hinter dem großen Lederlenkrad fühle. »So ein V8 ist eben eine Qualität an sich, eine eigene Dimension«, höre ich mich schwadronieren. Auf unserer Probefahrt-Runde entdecken wir noch einen anderen Kiesplatz-Händler. Ich steuere ihn wegen einer frühen Audi A6 Limousine in verheißungsvollem Lagoblau-Metallic an. Wir steigen aus, drehen eine Runde um den A6 2.4 Typ 4B und stellen fest, dass auch sein Leder dem gleichen Vanille-Farbton »Magnolia« huldigt. Es fällt mir schwer, den BMW wieder in die enge Lücke auf dem Kiesplatz von AutoPark-Inhaber Hilger Maurer zurückzuzirkeln, nicht vom mangelnden Geschick her, sondern eher mental.

BMW 735i V8, Typ E38, Baujahr 6/1996, 5990 Euro

Motor	V8, 2x DOHC, 32V
Hubraum	3498 cm³
Leistung	235 PS bei 5700/min, 320 Nm
Getriebe	Fünfgangautomatik
Vmax	245 km/h
Neupreis 1996 (inkl. Extras)	109.746 Mark
Laufleistung, Vorbesitzer	197.576 km, 2. Hand
Extras	Leder, Klima, Schiebedach, eFH, Tempomat
HU-Abnahme, § 29	bis 5/2023
wichtigster Mangel	Klarlackablösung am Dach

Der cosmosschwarze BMW 735i braucht noch viel Pflege im Detail. Doch die reinen Fahreigenschaften des Achtzylinders sind begeisternd. Unwiderstehlich gibt sich das Lederinterieur in Montana Sandbeige.

Aber Maurer liefert mir als Entschädigung gleich unser nächstes Wunschprogramm: einen äußerlich sehr unscheinbaren W 124, den ich den langen Reihen bunten Blechs zuerst als E 200 abscannte, der sich aber als E 280 entpuppte. Der brillantsilberne 124er, ein spätes Exemplar nach der Modellpflege 2 mit weißen Blinkern, Plakettenkühler und Kennzeichenfach in der Kofferraumklappe, zeigt sich erstaunlicherweise völlig rostfrei. Der mit schwarzem Stoff ausgeschlagene Innenraum präsentiert sich makellos, das Zebranoholz ist ohne Risse. Carina und ich, wir sehen uns fragend an. Können es gar nicht fassen, wie gut der Mercedes in jedem Detail ist. Irgendwie bildet der E 280 nicht nur farblich das Kontrastprogramm zum 735i. Der leicht angegraute BMW mit der Jubilé-Rolex in Stahl-Gold gibt den glamourösen Lebemann. Rauchiger, betörender V8, auffälliges Interieur, üppige Ausstattung.

E 280 als später Jahreswagen

Der korrekte Mercedes trägt Anzug und Krawatte, wirkt aber nicht langweilig. Der Doppelnockenwellen-Sechszylinder vom Typ M 104 faucht schon verheißungsvoll beim Anlassen, und der Tacho reicht bis 260 km/h. Diskretes Privileg der M-104- und V8-Modelle. Mit Extras geht er sparsam um, wir zählen nur neun. Aber die für mich wichtigsten wie Automatik, Schiebedach, Metallic-Lack und grün getöntes Glas sind an Bord. Wäre er in Bornitmetallic und hätte so sexy Details wie Scheinwerfer-Wischer und Kopfstützen im Fond, er wäre perfekt: willkommen in der Illusion!

Bei der Probefahrt will nicht ganz der überragende Antriebskomfort des V8-berauschten BMW aufkommen. Außer leisem Fauchen kennt der Mercedes keinen Soundtrack für unser kurzes, aber entspanntes Roadmovie. Leider kostet der Mercedes fast das Doppelte des BMW. Doch meine berühmte »imaginäre Mängelliste«, die Carina erheitert, verzeichnet nur zwei Nachrüstungsbeschlüsse: schöne, originale Achtloch-Alu-räder und ein spätes Becker Mexico Cassette.

Den nächsten Tag verbringe ich allein. Hemmungslos lasse ich mich gehen auf den Gebrauchtwagenmeilen der Großstädte mit dem üppigen Smartphone-Fotobeifang. Der speist die

Mercedes-Benz E 280, Typ W 124, Baujahr 1/1994, 9998 Euro

Motor	R6, DOHC, 24V
Hubraum	2798 cm³
Leistung	193 PS bei 5500/min, 270 Nm
Getriebe	Viergangautomatik
Vmax	230 km/h
Neupreis 1996 (inkl. Extras)	73.479 Mark Laufleistung
Laufleistung, Vorbesitzer	123.247 km, 2. Hand
Extras	Schiebedach, eFH, Metallic, WD-Glas etc.
HU-Abnahme, § 29	bis 11/2024
wichtigster Mangel	Radio u. Räder nicht orig.

Alles picobello! Das spontane Urteil fällt angesichts dieses E 280 in Brillantsilber-Metallic. Eine unscheinbare Limousine mit inneren Werten und wenig Extras.

untere »Kiesbett-Perlenkette«. Auf dem großen, auffallend ordentlich drapierten Kiesplatz von Stop Automobile bei Ulm zieht mich ein Quasi-Neuwagen magisch an. Es ist ein Volvo S60, Baujahr 2010, in der wahrhaft exaltierten Farbe »Vibrant Copper Metallic 704«, was »beschwingtes Kupfer« heißt. Der schrille 70er-Jahre-Farbton, bei Mopar einst als »Burned Orange« gelistet, harmoniert exzellent mit der einladenden Leder-Lounge in »Acatenango Brown«. Der S60 ist eher ein stiller Star, ein wohlproportioniertes Meisterwerk von Volvo-Chefdesigner Peter Horbury, was mir erst bei diesem bestens gepflegten Exemplar aus der Luxus-Edition »Momentum« auffällt.

Schockverliebt in den S60

Sie suggeriert erfolgreich nicht nur das Interior eines feudalen Jaguar XF. Während der sehr ausgedehnten Probefahrt sinniere ich, ob der S60 nicht ein herrlicher Alltagswagen für mich wäre. Endlich ein Ausbruch, weg von der ewig dominanten Mercedes-BMW-Audi-Trilogie. Der klangvolle Fünfzylinder-Turbodiesel D3 mit 163 PS bietet Leistung genug und Drehmoment im Überfluss, was der Sechsgangautomatik gut gefällt. Der Volvo hat mir buchstäblich den Kopf verdreht, mehrmals bleibe ich nach dem Aussteigen stehen

Volvo S60 D3 Momentum, Typ Y20, Baujahr 12/2010, 9998 Euro

Motor	R5, Turbodiesel, DOHC, 20V
Hubraum	1984 cm³
Leistung	163 PS bei 3750/min, 400 Nm
Getriebe	Sechsgang-Geartronic (Automatik)
Vmax	220 km/h
Neupreis 1996 (inkl. Extras)	41 420 Euro
Laufleistung, Vorbesitzer	139 634 km, 1. Hand
Extras	Vollausstattung plus Leder, Holz, Metallic
HU-Abnahme, § 29	bis 10/2023
wichtigster Mangel	Zubehör-Navigationsgerät

Den Volvo S60 erlebe ich quasi als Neuwagen. Design, Farbe und Lederausstattung finde ich äußerst attraktiv. Der Fünfzylinder-Diesel glänzt mit feiner Kultiviertheit und tollem Sound. Ein Auto zum Schockverlieben!

und wende mich entflammt von Burned Orange, seiner perfekten Figur und dem tollen Motor immer wieder zu ihm hin.

Aufgeschlossener gegenüber Vans wollte ich längst sein, obwohl ich so gar nicht der Bus-fahrertyp bin. Nun ergreife ich die Chance, ein paar Reihen weiter räkelt sich, quasi in Cinemascope, ein Citroën C8 auf akkuratem Kiesbett. Ohne zu zögern, gehe ich auf die Großraum-Limousine zu, Schlüsselreiz ist wohl der Metallic-Ton namens Profond-Rot. Ungarn wollten den Siebensitzer gerade für 3998 Euro kaufen, aber die galaktisch große Raumkapsel mit kraftvollem 170-PS-Biturbo-Diesel war ihnen zu ungepflegt. Charismatisch ist so ein C8 aus der Familie der Europa-Vans auf jeden Fall, besonders in der Luxus-Variante Exclusive, er leistet sich aber auch viele Nonchalancen im Detail. Keine Frage, der opulente C8 lässt sich extrem entspannt und sogar lustvoll von hoher Warte aus steuern. Nur ein Tag Aufbereitung, und er steht wieder sauber da. Mehr Auto fürs Geld gibt es nicht. Auch das ist ein Schlüsselreiz für mich.

Waidwunder Mercedes C 180 aus Rentnerhand in rarem Beryll-Metallic für 990 Euro. Wenig Rost!

Roadster im Designerkleid: Fiat Barchetta, Sondermodell Riviera, mit vielen Extras für 2890 Euro.

Ein üppig ausgestatteter BMW 520i Fünfgang vom Typ E39 mit Lederpolsterung für 1390 Euro.

Für 4950 Euro kauft man fast ein Unikat: 76er Skoda S 100 L mit 42-PS-Vierzylinder im Heck.

Im Mustanglook mit Shelby-Cobra-Dekor. Bizarres 2001er Hyundai Coupé, Typ RD, für 2450 Euro.

Vom langen Stehen geht die Luftfederung in die Knie. Mercedes S 320 ohne TÜV für 2900 Euro.

Rostfreier Audi A4 Avant 1.9 TDI mit lückenlosem Wartungsheft. 1950 Euro für ein Langzeitauto.

Nur 1990 Euro kostet der 92er BMW 520i 24V in Calypsorot, aber das Interieur ist recht verwohnt.

Facegelifteter VW Phaeton 3.0 V6 TDI mit 335 PS und Eukalyptus-Furnier für 7950 Euro.

Eindrucksvoller BMW 740iL V8 mit 286 PS. Für nur 3950 Euro. Rückrüstung auf Original möglich.

Das leicht verlebte Mercedes CLK 230 Cabrio mit 13 Extras für 3950 Euro ist eine Sünde wert.

Für die Tochter zum Abitur. Ein feines Fiat Punto Cabrio für 2450 Euro. Billiger geht offen nicht!

Best Buys bis 5000 Euro

Selbst in der unteren Preiskategorie ist die Vielfalt des Youngtimer-Angebots erstaunlich. Cabrios und Sportwagen zählen zwar zu den Ausnahmen, aber dafür gibt es reichlich Limousinen, Kombis und Kompaktwagen fast aller Marken. Selbst ein mittelprächtiger Jaguar XJ40 spielt noch in dieser preissensiblen Liga, die klare Schwerpunkte bei Mercedes, BMW, Audi, Opel und Ford setzt. Lassen Sie sich von sieben Gelegenheiten inspirieren!

Treuer Diener – Ford Scorpio

Motor	V6, OHV, 2394 cm³
Leistung	130 PS bei 5800/min
Gewicht	1380 kg
Vmax	195 km/h
Bauzeit	1985–1994
Preis*	ab 3500 Euro

Das aerodynamisch gestylte Ford-Flaggschiff trägt unter dem progressiven Blechkleid größtenteils bewährte Granada-Technik. Die leisen und durchzugskräftigen V6-Motoren bei den Scorpio-Modellen 2.4i, 2.8i und 2.9i überzeugen, und das moderne Fahrwerk mit Schräglenkerachse hinten und, anders als beim Granada, MacPherson-Federbeinen vorn ist ebenso auf Komfort ausgelegt wie die luxuriösen Varianten GL und Ghia. Drehfreudig und sparsam ist der DOHC-Vierzylinder mit 120 PS. Außerdem bietet der Scorpio den Fond-Knieraum einer S-Klasse. Nur Rost an den Radläufen trübt die Freude am großen, leisen Kölner.

Motor	R5, DOHC, 20V, 2435 cm³
Leistung	170 PS bei 6100/min
Gewicht	1365 kg
Vmax	210 km/h
Bauzeit	1997–1996
Preis*	ab 3500 Euro

Rechter Winkel – Volvo 850

Volvos Chefdesigner Jan Wilsgaard nutzte die Abkantbank für seine Entwürfe. Doch die Magie des rechten Winkels zauberte so charismatische Autos wie den Volvo 850, der mit Frontantrieb und quer eingebautem Fünfzylinder eine Zeitenwende einläutete. Dank seiner Rostresistenz gilt er als Musterknabe der Nachhaltigkeit.

Der Charismatiker – Mitsubishi Galant

Motor	V6, 2x DOHC, 24V, 2498 cm³
Leistung	163 PS bei 5750/min
Gewicht	1380 kg
Vmax	225 km/h
Bauzeit	1996–2006
Preis*	ab 2900 Euro

Markantes Haifischgesicht, großzügiges Raumangebot und ein klangvoller V6-Motor von höchst erfreulicher Kraftentfaltung. Keine Frage, der Mitsubishi Galant der achten Generation vom Typ EA0 besitzt vor allem als Kombi genau das, was sein Bruder Carisma gar nicht hat, nämlich Ausstrahlung. Die Technik ist trotz ihres hohen Aufwands japanisch-robust, den hohen Fahrkomfort und die luxuriöse Ausstattung gibt es woanders kaum günstiger. Allerdings trüben allfällige Kantenrost-Probleme die Freude am diamantenen Luxusliner.

König der Löwen – Peugeot 607

Motor	R4, DOHC, 16V, 2230 cm³
Leistung	163 PS bei 5850/min
Gewicht	1610 kg
Vmax	225 km/h
Bauzeit	2000–2010
Preis*	ab 3900 Euro

Der 607 stammt nicht mehr aus der langen Liaison von Peugeot mit Pininfarina, er sieht aber so aus. Designer Murat Günak ließ jede Menge Avantgarde in den faszinierenden Fronttriebler fließen. Der fürstliche Radstand und der famose Fahrkomfort machen ihn bereits als Vierzylinder zur idealen Reiselimousine. Exzentrisch ist neben der Form leider auch die zickige Elektronik.

Italo-Underdog – Fiat Argenta

Motor	R4, DOHC, 1995 cm³
Leistung	122 PS bei 5300/min
Gewicht	1220 kg
Vmax	175 km/h
Bauzeit	1981–1986
Preis*	ab 4900 Euro

Er wurde aus dem glücklosen Fiat 132 von 1972 entwickelt und brachte es als Argenta 2000 i.e. ab 1981 zum verdienten Erfolg. Die Anlagen waren stets gut: der legendäre DOHC-Lampredi-Vierzylinder, gepaart mit einem aufwendigen Fahrwerk dank schraubengefederter Fünflenker-Starrachse. Rost blieb sein ärgstes Problem.

Elegantes Sacco – Mercedes CLK

Motor	R4, DOHC, 16V, Kompressor, 2295 cm³
Leistung	193 PS bei 5300/min
Gewicht	1420 kg
Vmax	235 km/h
Bauzeit	1997–2003
Preis*	ab 4500 Euro

Längst sind auch die Autos der späten Bruno-Sacco-Ära in die Herzen der Sternen-Fans gefahren. Ob W 140, S 210 oder eben C 208, wie der erste CLK intern heißt. Das zeitlos-elegante Coupé mit dem charakteristischen Vieraugengesicht gefällt auch dank des luxuriös-verspielten Interieurs und einer edlen Farbpalette mit dem hier gezeigten Mineralgrün-Metallic. Die hocheffizienten 16V-Vierzylinder-Motoren von 136 bis 193 PS passen gut zum Flair des gediegenen Zweitürers, dessen größte Feinde Rost und CLK-Cabrio heißen.

Mini-Cadillac – Opel Vectra C

Motor	R4, DOHC, 16V, 1796 cm³
Leistung	122 PS bei 6000/min
Gewicht	1395 kg
Vmax	203 km/h
Bauzeit	2002–2008
Preis*	ab 2800 Euro

Ein sehr gutes Auto ist noch lange kein Garant für großen Erfolg. So platzten der Vectra C und sein Zwilling Signum mitten in die Opel-Krise. Heute gilt der extrem geräumige Caravan mit langem Radstand (2,83 m) als Geheimtipp. Die beste Offerte ist neben dem 3.2-V6 (211 PS) der Ecotec-Vierzylinder. Das New-Edge-Design erinnert an den Cadillac CTS, Rost ist gar kein Thema.

Kleine Freuden im Alltag

Der BMW 316i beweist es und der Smart Roadster pflichtet ihm bei: Ein Auto muss weder groß noch überwältigend motorisiert sein, um Spaß zu machen. Ein agiles Fahrwerk, sportliche Extras oder ein offenes Verdeck sind die entscheidenden Faktoren, die selbst sonnengelbe Mauerblümchen wie das Renault Mégane Cabrio zu begehrenswerten Hinguckern machen. Wer es gediegener mag, sollte lieber in einen W124 oder Chrysler LeBaron einsteigen.

VIEL SPASS FÜR WENIG KIES

BMW 316i Compact, E36/5
Eckdaten Vierzylindermotor, OHC, 1895 cm^3, 105 PS, 1140 kg, 190 km/h, 1993 bis 2000,
Preis 2900 Euro (guter Zustand),
Charakter Kompaktauto der Golf-Klasse mit Hinterradantrieb, als 323ti ein echter Hot Hatch, sonst ein bei Frauen beliebter Einkaufswagen

Nur 690 Euro wollte der Kiesplatz-Händler für diesen schönen 316i Compact mit sportlichem M-Akzent. Am liebsten hätte ich meinen Neuen spontan SWB, also Short Wheelbase getauft, denn er ist 22 cm kürzer und wegen seiner puren E30-Gene noch handlicher als die Limousine. Nun tue ich es doch, trotz unerwartet gleichem Radstand, weil das Kürzel SWB für Fahrspaß steht, Racer elektrisiert und Fans verzückt.

VIEL SPASS FÜR WENIG KIES

Nach drei unvernünftig gekauften Limousinen vom Typ 3er-BMW E36 nun auch noch ein hinten abgesägter Compact? So ein Torso von Auto. Wieder ein Vierzylinder, wieder ein abgerockter Billigheimer für kleines Geld, sprich 690 Euro? Macht das Sinn? Natürlich nicht – aber Spaß. Sinnlosigkeit liegt im Wesen der Unvernunft, und ich lebe sie zur Steigerung meiner Daseinsfreude mit dem Auto-Hobby gelegentlich aus. Wer will, erkennt auch feine Unterschiede in meiner 3er-Trilogie.

Es sind so viele, weil ich den E36, der 1990 einen stilistischen Wandel ins Moderne bei BMW einleitete, schön finde und weil er bereits mit den kleinen Motoren große Fahrfreude vermittelt. Wir erinnern uns: Der erste, ein lagunengrüner 318i, Baujahr 1992 aus Youngtimer Heft 5/2015 mit dem Zahnriemen-Vierzylinder-M40 und 113 PS Leistung, machte durch Korrosion um die Hinterachs-Längsschwinge von sich reden. Der zweite, ein alpinweißer 316i, ebenfalls Baujahr 1992 und mit 100 PS starkem M40, schwächelte auf halber Strecke seiner imposanten 300.000 Kilometer. Ein Zylinderkopfaustausch, veranlasst vom einzigen Vorbesitzer, zeigte die Schwächen dieses Triebwerks auf. Der dritte, ein 316i in Calypsorot, Baujahr 1996, präsentiert in Heft 5/2019, verfügte bereits über den deutlich robusteren und langlebigeren Steuerkettenmotor M43 mit 102 PS.

Billig, solide und verkannt

Nun also noch ein 3er Compact, nicht dass ich konkret nach ihm gesucht hätte, aber schon lange fiel mir das extrem niedrige Preisniveau dieses Typs auf. In der BMW-Youngtimer-Szene tut sich der Zweitürer mit großer Heckklappe schwer, akzeptiert zu werden. Er gilt mit seinem einkaufsfreudigen Hatchback und dem optional lieferbaren großen Faltschiebedach als typisches Frauenauto. Stets findet man ihn milde motorisiert im reichhaltigen Angebot. Nur der 323ti Compact mit dem 170 PS starken 2,5-Liter-DOHC-Sechszylinder vermag 3er-Fans wirklich zu begeistern, was sich in den Preisen um 3000 Euro klar niederschlägt.

Ich habe mir bislang keinen Compact gekauft, weil die Limousinen genauso billig sind und eine weit harmonischere Linie aufweisen. Also nicht so eine Torsofigur mit SWB-Attitüde. Dabei buhlt sie durchaus mit kenneraffinen Reizen, unter dem Blech steckt die über-steuerfreudige traditionelle Schräglenkerachse des Vorgängers E30 mit separaten Schrauben-federn wie einst beim 2002.

Oben: Wichtig – erstmal den Staub vom Kiesplatz abwaschen!
Rechts: Im Cockpit zeigen sich feine, puristische BMW-Instrumente.
Unten, rechts: Der kurz bauende 1,9-Liter-Vierzylinder im 316i sitzt weit hinten.
Unten: Die Aluräder Styling 42 gehören eigentlich zur Exclusiv Edition. Es gibt im Fond sogar Ausstellfenster wie früher beim Nullzwei.

Irgendwie fehlt etwas. Das abrupte Ende unter der Heckscheibe wirkt torsohaft unharmonisch, erzeugt aber eine gewisse Spannung

Daten & Fakten

BMW 316i Compact Sport Edition, E36/5, Baujahr 2000

Motor wassergekühlter Vierzylinder-Reihenmotor, vorn längs, Bohrung x Hub 84 x 72 mm, Hubraum 1895 cm³, Leistung 105 PS bei 5300/min, max. Drehm. 156 Nm bei 2500/min, Verdichtung 9,7 : 1, zwei Ventile pro Brennraum, betätigt über eine kettengetriebene obenliegende Nockenwelle und Rollenschlepphebel, hydraulischer Ventilspiel-aus-gleich, Zylinderkopf aus Leichtmetall, Motorblock aus Grauguss, fünf Kurbelwellenlager, elektron. Einspritzung und Zündung Bosch Motronic M 1.4, Schaltsaugrohr DISA, G-Kat, Abgasnorm D3, Ölinh. Motor 4 l

Kraftübertragung Fünfgang-Schaltgetriebe, a. W. ZF-Vierstufen-automatik, Hinterradantrieb

Karosserie und Fahrwerk Selbsttragende Stahlblechkarosserie, vorn MacPherson-Federbeine, untere Dreiecksquerlenker, hinten Schräglenkerachse, separate Mini-bloc-Schraubenfedern, Teleskopstoßdämpfer, Servo-Zahnstangenlenkung, Scheibenbremsen vorn und hinten, ABS, Räder 6J x 15, Reifen 205/55 R 16 oder 225/50 R 16

Maße und Gewicht Radstand 2700 mm, Länge x Breite x Höhe 4210 x 1698 x 1393 mm, Gewicht 1140 kg, Tankinhalt 55 Liter

Fahrleistungen und Verbrauch Vmax 190 km/h, 0–100 km/h in 11 s, Verbr. 9,8 l/100 km

Bauzeit und Stückzahl Alle E36 Compact 1993–2000: 371.498 Exemplare

»Ich dachte stets, der zierliche Compact hätte eine feminine Note. Doch als 323ti beerbt er die Legende 2002«

Das Maskottchen Pluto sitzt am M-Schalthebel.

Auch die Instrumententafel mit den charakteristischen Zugschaltern zeigt das kubisch-praktisch Gute der puristischen 80er-Jahre.

Es ist so weit, derart mental aufgeladen, kann ich dem Compact nicht mehr widerstehen. Ein wahrhaft exaltierter Haute-Couture-318i in der bizarren Fliederfarbe Samoablau mit Faltdach und roten Lederpolstern sendete mir vor zwei Wochen letzte Schlüsselreize, aber dieser Königs-Compact ist für eine Kundin reserviert und sprengt mit 2900 Euro mein Budget für vernunftfreie und sinnlose Autos.

Einmal entflammt, stoße ich bei einem libanesischen Kiesplatz-Händler im Norden von München auf einen proper aussehenden, titan-silbernen 316i Compact mit den hübschen BBS-Doppelspeichen-Alus in 16 Zoll, die es für die Exclusiv Edition gegen Aufpreis gab. Alles bis auf die von Lautsprechern gespickte Hutablage ist original, der Wagen nicht zu tief, die Reifen nicht zu breit. Etwas Kantenrost um die Radläufe fällt nur bei genauem Hinsehen auf.

Als typischer Ladenhüter steht er ganz hinten am Zaun, dort wo sich leere Öldosen, Altreifen, Kurzzeitkennzeichen und tote Batterien sammeln. Ein schon recht verblichenes Preisschild zeigt unten in mattem Grau groß »799 Euro«. Mühsam entziffere ich als Erstzulassung Juli 2000 und den Kilometerstand 146.000, die nächste Hauptuntersuchung wird in drei Monaten fällig. Der BMW wird vom freundlichen Händler Ahmoudi, der mich lächelnd mit den Worten »Für ihre Tochter, nicht wahr?« begrüßt, vollmundig als »gesuchte Sport Edition mit großem M-Paket« angepriesen.

In Wirklichkeit ist er sichtlich bewegt, dass sich überhaupt jemand für das Auto interessiert. In Windeseile öffnet er alle Türen und Hauben, übereifrig eilt er zu seinem Bürocontainer, bringt den Booster und die Papiere mit, verschwindet unter der Motorhaube und ruft, noch bevor ich

Alfs To Do Liste

- Nicht originales drittes Bremslicht demontieren, gebastelte, hölzerne »Hutablage« unter Heckklappe mit sieben (!) Lautsprechern (!) durch serienmäßiges Gebrauchtteil ersetzen. Radio BMW Bavaria RDS nachrüsten.
- Dachhimmel im hinteren Drittel fixieren, löchrige Motorhauben-Dämmmatte ersetzen, Kantenrost an Radläufen und Kotflügeln beseitigen. Abgeblättertes BMW-Emblem auf der Motorhaube erneuern.
- Ledernen M-Schalthebelknauf aufpolieren, Innenraum gründlich reinigen, abgewetzte Fahrerfußmatte (original BMW) ersetzen, originale Kunstleder-Bordmappe für Betriebsanleitung und Wartungsheft besorgen. Heckklappenschloss reparieren oder erneuern.
- TÜV (10/2020) ist inzwischen abgelaufen. Technikdurchsicht mit Ölwechseln, Prüfen der Traggelenke vorn und der Schräglenkerbuchsen. Abgastest von Katalysator und Lambdasonde durchführen, Bremsleistung prüfen, Beläge erneuern, das Tragbild aller vier Scheiben ist gut.

Fernöstliche Stärkung während der Probefahrt. Gemessen an der Preislage gab es keine größeren Beanstandungen, leichte Poltergeräusche aus den Radaufhängungen sind beim E36 normal.

Öl- und Wasserstand prüfen kann: »Jetzt starten Sie mal!« Der Anlasser heult ein paar Umdrehungen lang, dann erwacht der Vierzylinder des 316i Compact, der sich unerwartet über 1,9 Liter Hubraum und moderate 105 PS definiert, zum Leben.

Weit hinten versteckt er sich, zwischen den Federbeindomen. Kein Hydrostößelgeklapper, kein unrunder Lauf, er bleibt gesund bei Drehzahl. Noch bevor ich zur Probefahrt starte, biete ich Ahmoudi 600 Euro, wegen der vielen blöden Lautsprecher und wegen des herunter-hängenden Dachhimmels. Außerdem empfinde ich die exquisite Bestuhlung der Sport Edition, ein Mix aus Stoffbahnen in »Boa-Boa« mit Seitenteilen in velourslederartigem »Amaretta« aus dritter Hand schon ein wenig abgewohnt. Nach dem üblichen Verhandlungsritual schlagen wir bei 690 Euro ein, obwohl die Heckklappe schlecht schließt. Der Mann aus der Levante freut sich.

Die Probefahrt verlief gemessen an der Preislage ohne größere Beanstandungen, leichte Poltergeräusche aus den Radaufhängungen sind beim E36 normal. Mein 3er-SWB hat schließlich ein M-Sportfahrwerk, Traggelenke und Tonnenlager werden auch nicht mehr die besten sein. Jetzt wo er mir gehört, fühle ich mich frei und jung zugleich. Ausgerechnet das vermeintlich typische Frauenauto macht aus reifen Männern Jünglinge. Mein SWB schenkt mir noch mehr Fahrfreude als meine Limousinen, er fühlt sich noch handlicher und direkter an, lenkt in schnell gefahrenen Kurven früher ein, ist weniger stoisch neutral, sondern leicht übersteuernd ausgelegt. Eifrig am perfekt geformten Lederlenkrad drehend, frage ich mich in dünn besiedelter hügeliger und waldreicher Topografie, warum es, verdammt noch mal, keinen M3 Compact gab. Mit weniger narrensicherer Multilink-Integralachse für noch mehr Freude am Fahren.

1,9 Liter mit Durchzugskraft

Der temperamentvolle Fastzweiliter, er kommt problemlos mit nur einer Nockenwelle und acht Ventilen aus, nimmt sich im 316i leistungsmäßig fast gedrosselt zurück, um mit Drehmoment zu wuchern: Die überschaubaren 156 Nm liegen bereits bei 2500/min an, ein völlig BMW-untypisch niedriger Wert. So beschleunigt mein SWB ziemlich kraftvoll aus dem Keller. Die wenig monströs anmutenden 105 PS sorgen für eine überraschend nachhaltige Beschleunigung und ein niedertourig entspanntes Reisetempo von 130 km/h.

Das Fünfganggetriebe lässt sich leicht und exakt schalten, die Servo-Zahnstangenlenkung zeigt mehr Exaktheit um die Mittellage als die beim E36-Debüt bereits antiquierte Kugelmutterlenkung der großen BMW-Typen. Endlich hat auch der kleinste 3er hinten Scheibenbremsen, die hinter dem Aluradgeflecht gut sicht-baren Mini-Trommeln waren peinlich, eines BMW schon lange nicht mehr würdig. Es gibt noch viel zu tun bei meiner 20 Jahre alten Neuerwerbung für 690 Euro, aber ich freue mich über die Fahreigenschaften und das sportlich-luxuriöse Interieur meines Compact. Immerhin war er neu einst 42.378 Mark teuer. Das geringe Prestige des heute kleinsten und billigsten BMW lässt mich kalt: Fahrt mal damit, dann werdet ihr anders denken.

Gemeinsam mit M-Zutaten wie Lederlenkrad und Schalthebel belegt das M-Sportfahrwerk die echte Sport Edition. Der bunte Pinata-Esel bringt frohe Farbe ins grau-triste Boa-Boa.

Nur frühe Baujahre leiden an intensiver Korrosion

Rost ist das größte Übel am sonst so mustergültigen BMW 3er der Baureihe E36. Vor allem die ersten Baujahre von 1990 bis 1993 erwischt es heftig an den Radläufen, an den Wagenheberaufnahmen und um die Längsschwingen der Hinterachse, die sogar ausbrechen können. Dem Compact mit seiner E30-Schräglenkerachse kann das nicht passieren, er kam auch erst 1993, als der Korrosionsschutz besser wurde, zuletzt ab 1998 gar richtig gut. Trotzdem sollte man den Unterboden vor dem Kauf gründlich prüfen, auch Türunterkanten und die vorderen Kotflügel neigen zu Rostbefall. Nur frühe 316i/318i Compact haben den M40-Motor mit Zahnriemen unter der Haube, der die Lebensdauer-Erwartungen nicht erfüllte. Erst der kettengetriebene M43 ist wirklich empfehlenswert. Traggelenke, Spurstangenköpfe und Fahrwerksbuchsen neigen zu vorzeitigem Verschleiß.

Trollhättan-Transfer

Wie schön es sein kann, über den Tellerrand deutscher Marken zu blicken, beweist ein Saab 9-3 Coupé für 1900 Euro. Fast rostfrei und technisch sauber frönt er einer Autokultur, die so erfrischend anders ist.

Saab 9-3 Coupé 2.0 Turbo SE

Eckdaten Vierzylinder, DOHC, 16V, 1985 cm³, 185 PS, 1380 kg, 230 km/h, 1998 bis 2003,
Preis 3500 Euro (guter Zustand),
Charakter Trotz Vectra-Genen blieb die Saab-Aura erhalten. Das Design, innen wie außen, und der prächtige Turbo-Motor prägen den 9-3

Warum ein Saab? Ich hatte bis jetzt noch keinen. Bin immer mal wieder daran vorbeigeschrammt, doch nie hängen geblieben. Den, zugegeben, überaus charismatischen Saab 900 mochte ich nie so gern. Vor allem als Cabriolet kommt er mir oft so aufgesetzt individuell, intellektuell und lifestylig vor.

Ich, der selbst ernannte Schutzpatron der Talentierten und dennoch Unverstandenen, tendierte immer mehr zum größeren und repräsentativeren Saab 9000. Dem Langstreckenre-kord-Helden von Talladega, dem Tipo-4-Modell mit Giugiaro-Karosserie, aber schlagkräftigem Saab-Herzen, ob 16V, Turbo oder beides. Quer statt längs eingebaut und nicht mehr verkehrt herum über dem Getriebe, sondern gleich nebendran. Vielleicht ist es ein merkwürdiger Zufall, dass der 9-3 just 1998 kam, als der 9000 gerade ging. Vor zehn Jahren, nach Heft 1/2012, wäre es beinahe zum Äußersten gekommen. Das Auto für den Fahrbericht, den ich schrieb, stand zum Verkauf, ich war zu spät, der Saab 9000 CDi mit sanften 146 Sauger-PS war weg, bevor ich die letzten leisen Zweifel am insolventen Exotenfabrikat ausgeräumt hatte.

Diesmal soll es anders kommen. Bei einem Kiesplatzhändler am Bodensee entdecke ich ein Saab 9-3 Coupé SE mit Zweiliter-Turbomotor und 185 PS, das in mein Beuteschema »solide, luxuriös, gut und günstig« passt. Den Preis kann ich mit dem Hinweis auf sachkundige Eigenverantwortung erheblich herunterhandeln.

Nur 1900 Euro wechseln den Besitzer, der Neupreis betrug im Juni 1998 für den üppig ausgestatteten Special Edition immerhin satte 52.950 Mark. Dem 9000 weine ich nun nicht mehr hinterher. Ich besitze jetzt meinen lange ersehnten Exoten, der auch durch sein leuchtendes Cayennerot-Metallic frischen Wind in meine von deutschen Premiummarken dominierte Youngtimer-Kollektion bringt. Mit den beiden Nachfolgern des Ur-900 aus der glorreichen Saab-Scania-Ära, dem 900 II und dem 9-3, kehrte man in Trollhättan trotz der eher trivialen GM-2900-Plattform des Opel Vectra A wieder zum klassischen Design zurück: Combi-Coupé-Heck, runder Bug, bogenförmige Frontscheibe im Kanzel-Look und stark ansteigende Seitenfensterlinie. Auch die Vierzylinder-Motoren blieben bis auf den Isuzu-Diesel 2.2 TiD fest in der Hand der Svenska Aeroplan Aktiebolaget. Produktionsstandorte waren Trollhättan und Malmö. Die viersitzigen Saab 9-3 Cabriolets, einst dramatische 15 000 Mark teurer als die Coupés, wurden im finnischen Uusikaupunki endmontiert.

Coupé mit Cabrio-Flair

Der Vorab-Check und die Probefahrt verlaufen unauffällig. Die Flüssigkeitsstände sind alle korrekt, der kuriose Ölpeilstab, integriert im gelben Verschlussdeckel des Einfüllstutzens, bringt mich zum Lachen. Mein Saab 9-3 zeigt einen Kilometerstand von 228.679, er wurde als Neuwagen in die Schweiz importiert, seine Wartung erfolgte laut Bordbuch entsprechend penibel und lückenlos: letzter Kun-

Oben: Der Zweiliter-Turbomotor, ein Spross der Saab-H-Serie, ist das famose Herzstück des 9-3. Auf satte 185 PS bringt es der DOHC-16-Ventiler. Freude birgt die volle Bordmappe. Unten: Das luxuriöse SE-Paket steht für Wurzelnussfurnier und Klimaanlage. Kennt jeder: Die Markante Saab-Frontpartie.

dendienst bei Kilometer 199.867. Die Datenkarte weist das Werk Trollhättan aus: made in Sweden.

Mir gefällt am Coupé SE, das man auch als zweitürige Schrägheck-Limousine interpretieren könnte, die typische, hoch ansteigende Cabrio-Seitenlinie mit den breiten Türen. Sie vermittelt ein dezentes, aber sehr wirkungsvolles Cabriolet-Flair für Arme, unterstützt vom großen elektrischen Glasschiebedach und von den hinteren Ausstellfenstern. Die SE-Ausstattung, die außerdem noch Klimatisierungs-Automatik, Radio-CD-Player und die sehr Saab-typischen 16-Zoll-Alurä-der im Dreiloch-Design umfasst, ist beim Cabriolet serienmäßig.

Innen kommt mir der 9-3 wie ein luxuriöser Saab 900 aus den 80er-Jahren vor. Das perfekt

Worauf Sie beim Saab 9-3 achten müssen. Solider, zuverlässiger Geheimtipp!

Es ist kein Geheimnis, dass der Saab 9-3 wie sein Vorgänger 900 II (Typ NG), gebaut von 4/1993 bis 2/1998, auf der GM-Plattform des Opel Vectra A basiert. Der 9-3 gilt als großes Facelift des 900 II mit über 450 Veränderungen. Die Rostvor-sorge beim Saab 9-3 ist besser als beim Opel, Korrosion bildet sich nach 20 Jahren nur an den hinteren Radläufen und an exponierten Karosserie-Kanten. Der ureigene Saab-H-Motor mit Kette krankt selten an defekter Zylinderkopfdichtung (schleichender Wasserverlust). Domlager, Buchsen und Traggelenke der Vorderachse sind oft ausgeschlagen. Es gibt kaum Elektronikmängel!

Im Saab-9-3-Design spiegelt sich der Urtyp 900 wider. Cayennerot-Metallic 256 steigert die Attraktivität des Frontantriebs-Coupés noch weiter. Nach einem sonnigen Tag im Saab folgt das rituelle Menü am Wagen.

eingepasste Wurzelnussfurnier, die reich bestückte Instrumentenbrille mit Ladedruckanzeige und die lautlosen, unterdruckgesteuerten Einstellhebel für die Lüftungsdüsen zeugen vom hohen Standard der Flugzeugbauer, besondere Automobile zu fertigen.

Typische Troll-Schrullen wie das neben dem Schalthebel auf der Mittelkonsole platzierte Zünd-

Daten & Fakten

Saab 9-3 Coupé 2.0 Turbo SE, Typ YS3D, Baujahr 6/1998

Motor Typ H, B204L, wassergekühlter Vierzylinder-Reihenmotor, vorn quer, Bohrung x Hub 90 x 78 mm, Hubraum 1985 cm³, Leistung 185 PS bei 5500/min, maximales Drehm. 263 Nm bei 2100/min, Verdichtung 9,2 : 1, vier Ventile pro Brennraum, betätigt über zwei obenl., kettengetr. Nockenwellen und Hydro-Tassenstößel, Leichtmetall-Zylinderkopf, Graugussblock, 5 Kurbelwellenlager, 2 Ausgleichswellen, Benzineinspr. u. Zündung Saab Delphi/Trionic, Garrett GT 23 Turbolader (0,8 bar), Ladeluftkühlung, G-Kat, Ölkühler, Ölinhalt 4,5 l

Kraftübertragung Fünfgang-Schaltgetriebe, a.W. GM-Vierstufen-Automatik mit Wandler, elektronische Traktionskontrolle, Frontantrieb

Karosserie und Fahrwerk Selbsttragende Stahlblechkarosserie, cW-Wert 0,34, vorn MacPherson-Federbeine, Dreiecks-Querlenker, hinten H-förmige Verbundlenkerachse, Längslenker, Schraubenfedern, innerer u. äußerer Stabilisator, Servo-Zahnstangenlenk., Scheibenbremsen mit ABS, Leichtmetallräder 6,5 J x 16, Reifen 205/50 ZR 16

Maße und Gewicht Radstand 2605 mm, Länge x Breite x Höhe 4629 x 1711 x 1428 mm, Gewicht 1380 kg, Tank 68 Liter

Fahrleistungen und Verbrauch Vmax 230 km/h, Beschl. 0–100 km/h in 8,4 s, Verbr. 11 l/100 km

Bauzeit und Stückzahl YS3D, 1998–2003: 326.370 Exemplare

schloss – es sperrt das Abziehen des Schlüssels, wenn kein Rückwärtsgang eingelegt ist – und die wild verstreuten Bedienungs-Drucktasten blieben erhalten. Sehr einladend sind die mit wertvollem Rindleder bezogenen SE-Sitze. Ihre hohen Lehnen und die integrierten, aber trotzdem verstellbaren Kopfstützen bieten zumindest vorne einen ausgezeichneten Sitzkomfort. Das lauschige, diskrete Cockpit zeigt sich ein wenig zugeknöpft und nicht gerade lichtdurchflutet, mir gefällt es.

Erfreuliche Fahreigenschaften

Mich zieht es aus der Bodensee-Metropole Friedrichshafen ins freie Land, auf die B 30, Richtung Heimat. Mein 9-3 hat nun längst seine Betriebstemperatur erreicht, die Instrumente und Kontrollleuchten signalisieren allenthalben Wohlbefinden. Bis auf ein leicht polterndes Geräusch vorne rechts bei Schritttempo und vollem Lenkradeinschlag fiel mir bislang nichts Unangenehmes auf. Eine Saab-Eigenart seit eh und je ist auch der große Wendekreis, der mich anfangs in der Stadt leicht irritierte.

Rundum erfreulich zeigt sich das optisch aus dem Vollen gefräste, kettengetriebene Saab-Triebwerk, sanfter Ladedruck setzt schon bei 2000/min ein. Es verbindet Elastizität und Drehfreude, mit dem überraschend präzise schaltbaren Fünfgang-Getriebe lässt sich der Sechzehnventiler je nach Laune dirigieren. Cruisen geht genauso wie Räubern, satte 185 PS und 263 Nm bei sehr frühen 2100/min sind für das relativ kompakte Auto eine ganze Menge. Ein durchaus souveräner Antriebskomfort entfaltet sich beim ambitionierten Fahren. Selbst die Laufkultur überzeugt, trotz eines gewissen Mangels an Zylindern.

Was mir schon immer bei den Saab-Doppelnockern gefiel, ist ihr bassig-sonorer Auspuffklang, der sich bei höherer Drehzahl zu einem heiseren Röhren steigert. Die Fahrt abseits der B 30 durchs Allgäu über kurvige Nebenstraßen offenbart kräftiges Untersteuern. Die Servolenkung könnte um die Mittellage exakter sein. Ein agiles Handlingwunder ist der 9-3 also nicht, dafür entschädigt die komfortable Federung. Das Vectra-Fahrwerk gibt sich schlicht, mit MacPherson-Federbeinen vorn und Verbundlenkerachse hinten, das gibt es auch bei VW und Audi. Was es dort nicht gibt, ist der Reiz des Besonderen und das Prestige intellektueller Wesensart. Wer weiß schon, dass mein Saab 24 Jahre alt und ein halber Opel ist? Er gilt in den Augen der anderen weit mehr als ein Fünfer-BMW oder 210er-Mercedes.

Fundgrube Kofferraum: Noch einmal vier Original-Alus mit Winterreifen.

Alfs To Do Liste

- Die Saab-Embleme mit dem charakteristischen Scania-Greif auf Motorhaube und Heckklappe sind verblichen und gehören getauscht. Kratzer auf den Stoßfängern müssen mit Cayennerot 256 abgedeckt werden. Die Rostblasen am hinteren rechten Radlauf schleife ich weg und grundiere sie, danach lackiere ich die vier Zentimeter lange Stelle mit der Sprühdose.
- Innen sieht der Saab sehr manierlich aus. Lediglich die aufgeplatzte lange Naht am Fahrersitz-Leder muss ein Sattler nähen. Außerdem fehlt der Zigaretten-Anzünder
- Technisch gibt es wenig auszusetzen. Motor und Getriebe sind frei von verdächtigen Geräuschen. An der Radaufhängung vorne rechts knarzt es bei vollem Lenkeinschlag: Federbeindomlager, Traggelenk oder Antriebswelle? Prüfen!

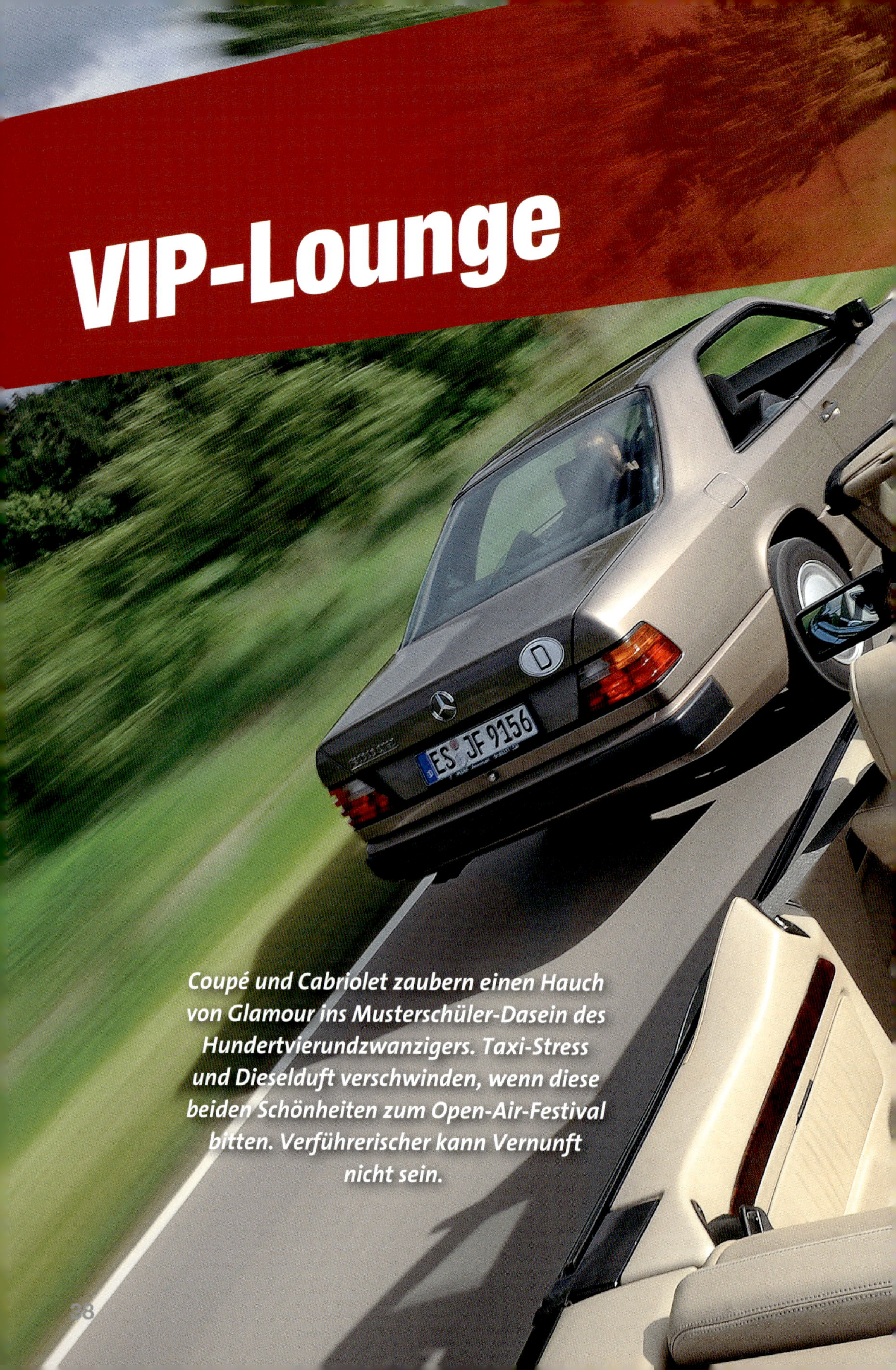

VIP-Lounge

Coupé und Cabriolet zaubern einen Hauch von Glamour ins Musterschüler-Dasein des Hundertvierundzwanzigers. Taxi-Stress und Dieselduft verschwinden, wenn diese beiden Schönheiten zum Open-Air-Festival bitten. Verführerischer kann Vernunft nicht sein.

Er prägt noch immer das Straßenbild, selbst dreizehn Jahre nach Produktionsende. Kein Taxistand, keine großstädtische Ampelkreuzung und keine längere Autobahnetappe ohne ihn. Der Mercedes W 124 bleibt das automobile Vermächtnis der Achtziger, stilistisch wie technisch, mehr noch als ein VW Golf II, den der Mercedes im verbliebenen Bestand längst überholt hat. Meist ist der 124er, diese archetypische, in Stein gemeißelte Mercedes-Mittelklasse der Ewigkeit, ein grauer Held des Alltags. Selbst in so frischen Farben wie Almandinrot, Champagner oder Nelkengrün. Die Limousinen und Kombis kämpfen noch tapfer an vorderster Front, während sich Coupes und Cabriolets bereits auf dem Sonnendeck des Saisonkennzeichens amüsieren. Sie und auch der 500 E haben es einfach besser, sie sind begehrt.

Die gemeinen Viertürer dagegen haben ein anstrengendes Leben hinter sich, mehr als 250.000 Kilometer stehen fast immer auf dem Zählwerk des Tachos, umrahmt von ausgeblichenen Zeigern. Die Sitzwangen sind aufgescheuert, die Verbundglas-Heckscheiben milchig, die Wagenheberaufnahmen durchgerostet, die Radläufe angeknabbert und die Lenkräder glatt poliert. Vor allem Diesel-T-Modelle spielen den Blues vom Verbrauchtwagen, stumpf im Lack, müde auf der Hinterhand und mit roter Umweltplakette im Eck der Grünkeil-Frontscheibe einem bürokratischen Tod auf Raten ausgeliefert. Mechanisch wären sie noch längst nicht am Ende, selbst wenn die Drei der Vier im Tacho allmählich Platz macht. Afrikaner wissen das, sie kaufen alles, was noch fährt, nach dem »Wie es fährt?« fragen sie nicht. Ein 124er gibt erst nach multiplem Organversagen auf. Schlechtes Anspringen, hoher Ölverbrauch, gebrochene Federn, bockige Niveauregulierung – bei allem Leid, er tut stoisch seine Pflicht, bis zuletzt. Partylaune kommt da kaum auf, eher Endzeitstimmung.

Coupe und Cabriolet fahren dagegen schon jetzt auf der Sonnenseite der Straße. In dieser betuchten 124er-Oberschicht sind die Verbrauchtwagen klar in der Minderheit. Vor allem das Cabriolet genießt hoch dotierten Liebhaberstatus und ist selbst aus der Final Edition von ‚97 ein willkommener, frühreifer Youngtimer. Sogar ohne die üblichen Zugangsbeschränkungen wie seltene Farbe, Vollausstattung, Unterhunderttausend oder Topmotorisierung. Hier sind alle 33.968 potenziellen Kandidaten willkommen, bis auf den unvermeidbaren Bodensatz der völlig Vernachlässigten.

Cabriolet und Coupé spiegeln formvollendet Mercedes-typische Eleganz. Der E200 trägt bereits das Plakettenkühler-Facelift.

Dachaufbau und Heckpartie verlaufen beim Coupé fließend. Das Cabriolet wirkt auch bei geschlossenem Verdeck kantiger.

Beim Coupe sind die Türsteher an der Youngtimer-Pforte bereits wählerischer. Da herrschen strengere Regeln, schon weil es mit 141.498 gebauten Exemplaren viel mehr Bewerber gibt. Unter 2000 Euro, mittelprächtiger Zustand – Daumen runter, ab in die Gebrauchtwagen-Ecke. Knapp 5000 Euro, unter 100.000 Kilometer, 320 CE, Leder, Automatik, blauschwarzmetallic – willkommen im Club, darf es auch Super Plus sein?

Unser Fotomodell, immerhin als 300 CE ein Sechszylinder und zwei Jahre lang Topmodell des Genres, hat die Aufnahmeprüfung nur dank einer gnädigen Jury geschafft. Seine Farbe Impala-Metallic ist nicht sonderlich cool, sondern die verschärfte Form von Rentner-Rauchsilber. Innen trauert schwarzer Stoff, eher trist als glamourös – gerade die zweitürigen 124er schreien nach Velours oder Leder, selbst Sporrline-Karo wirkt irgendwie provinziell bis peinlich. Doch besser neuwertige Stoff-Tristesse als abgeschabtes Velours. Wurzelnuss wäre schön, der dunkle Teint des Edelholzes betört ungleich mehr als blasses, schon leicht ergrautes Zebrano.

Der Kilometerstand des Ersthand-Wagens kratzt mit 242.000 schon am rostigen Rolltor zum Autofriedhof, doch dank liebevoller Scheckheftpflege merkt man es ihm nicht an. Die Ausstattung gibt sich undramatisch, Automatik wäre zum Cruisen schön, stattdessen wird Fünfgang serviert mit gummiartigem Schaltgefühl.

Konzentriertes Anfahren empfiehlt sich, sonst droht der gefürchtete Bonanza-Effekt. Immerhin hat das Coupe Schiebedach und vier elektrische Fensterheber. So lässt es sich mit einem Spreizgriff der rechten Hand auf der Mittelkonsole herrlich entblättern. Dann surren die Seitenscheiben runter, nichts stört das Panorama, keine Fensterrahmen und kein B-Pfosten – wie es bei Mercedes lange gute Tradition war. Das Schiebedach lässt den blauen Himmel und die Baumwipfel der Allee hinein, es wirkt wie ein Stimmungsaufheller. Ein bisschen Cabrio müssen Autos schon sein, um glücklich zu machen. Der 300 CE schafft dies, sein samtener Sechszylinder untermalt fast geräuschlos die Eleganz der Linie.

Stets bleibt er vornehm zurückhaltend, nie stürmt er brüsk davon, obwohl er gerne dreht, drehen muss, denn sonst spürt man nicht viel von den 180 PS. Sein Durchzugsvermögen ist verhalten, die lang übersetzten Gänge übertreiben es mit den guten Manieren. Denn der verbrauchs- und leistungsoptimierte Dreiliter kann auch anders. Notfalls drehen bis 6500/min und ab 3000/min so schön linear ohne künstliche Turbo-Anabolika an

Kraft zulegen, dass es eine Freude ist, der gewundenen Straße zu folgen. Der intern M 103 getaufte Sechszylinder holte den jahrelangen Daimler-Rückstand in der Motorentechnik gegenüber BMW auf. Nur eine Nockenwelle genügte plötzlich, um in allen Belangen besser abzuschneiden als der antiquierte DOHC-Vorgänger M 110.

Als 88er Typ hat das Coupe immerhin den Bonus der frühen Geburt, es ist so rein und unverfälscht wie das 1:1-Tonmodell von Mercedes-Chefdesigner Bruno Sacco. Keine nachträglichen Pseudo-Chrommätzchen an Stoßstangen, Schutzleisten und als Intarsie im Türgriff. Keine Lider um die Scheinwerfer. Kein Stern, der unmotiviert aus der Motorhaube wächst und puristische Gullydeckel-15-Loch-Räder statt der verspielteren, vermeintlich modischeren Achtloch-Pendants. Puristen mögen eher den frühen, strengen W124. Der späte gibt sich zwar im Detail lebensfroh, beinahe ausgelassen – was wiederum gut zum Cabriolet

Daten & Fakten

Mercedes 300 CE, C 124, Baujahr 1988

Motor Typ M 103, wassergekühlter SechszylinderReihenmotor, Zylinderkopf aus Leichtmetall, Block aus Grauguss, 7 Kurbelwellenlager, 12 Gegengewichte, eine obenliegende Nockenwelle über Einfachkette angetrieben, V-förmig hängende Ventile von Kipphebeln betätigt, Hydrostößel. Hubraum 2962 cm³, Bohrung x Hub 88,5 x 80,3 mm, Leistung 180 PS bei 5700/min, max. Drehmoment 255 Nm bei 4400/min, Verdichtung 9,2:1, mech./elektr. Einspritzung Bosch KE-Jetronic, geregelter Katalysator, Ölinhalt Motor 6,0 Liter

Kraftübertragung Hinterradantrieb, 5-Gang-Schaltgetriebe, auf Wunsch Viergang-Wandlerautomatik mit Programmwähler, a. W. autom. Sperrdifferenzial ASD

Karosserie und Fahrwerk Selbsttragende Stahlkarosserie, cw-Wert 0,30, Dämpferbeinachse mit Dreiecks-Querlenkern, Schraubenfedern, Stabilisator. Hinten Raumlenkerachse mit jeweils zwei Querlenkern sowie Zug- und Schubstreben (5 Lenker pro Rad), Schraubenfedern, Stabilisator, Gasdruckstoßdämpfer, Servo-Kugelumlauflenkung, vier Scheibenbremsen, ABS, Räder 6,5 J x 15, Reifen 195/65 VR 15

Maße und Gewicht Länge 4655 mm, Breite 1740 mm, Höhe 1410 mm, Radstand 2715 mm, Spur 1497 /1488 mm, Gewicht 1390 kg, Tankinhalt 70 Liter

Fahrleistungen und Verbrauch Vmax 225 km/h, O - 100 km/h in 8,9 s, 11,8 Liter Super auf 100 km

Bauzeit und Stückzahl Mercedes-Benz C 124 1987 bis 1996 alle Versionen 141.498 Exemplare, 300 CE 1987 bis 1992 insgesamt 49.629 Stück. Neupreis Mercedes 300 CE im September 1988: 64.300 Mark

Optisch unspektakulär zeigt sich der Querstrom-Reihensechszylinder im 300 CE. Schriftzug und Profilleuchte sind klassische Mercedes-Zitate. Der Gurtbringer surrt servil hervor, offenes Schiebedach und voll versenkbare Seitenscheiben schaffen auch im Coupé ein wonniges Frischlufterlebnis.

passt, das seine Blütezeit sowieso erst im Spätsommer des 124er hatte.

Der frühe, offene 300 CE-24 von 1991, zwanzig Jahre nach dem letzten offenen Viersitzer 280 SE 3.5, war noch ein über 100.000 Mark teurer Solitär. Ein Brillant des technisch Machbaren, ein Konkurrent des brandneuen 129er-SL mit dem gleichen Motor. Elektrohydraulisches Verdeck, okay, zunächst gegen happigen Aufpreis von 4000 Mark. Dazu kratzfeste Glasheckscheibe, bei bedrohlicher Querbeschleunigung ein automatisch ausfahrbarer Überrollschutz via hintere Kopfstützen und jede Menge Versteifungsbleche in der Bodengruppe und Schwingungstilger, die sich mit Macht gegen Verwindungen stemmen.

Es war noch die goldene Zeit großen ingeniösen Ehrgeizes beim Daimler, das W 124 Cabriolet setzte Maßstäbe in Steifigkeit, Crash-Sicherheit, Spaltmaßen und Allround-Eigenschaften. Es ist ein Cabriolet auch für Regen und Schnee. Eines in guten wie in schlechten Tagen, ein Cabrio, das einen nicht wie die Spaßroadster zum Glücklichsein verdammt. Eines das trösten kann mit viel Platz, Leder, Sitzheizung und einem Becker Mexico 2000, aus dem leise Sades »Stronger than Pride« rieselt.

Doch das 124er-Cabrio ist nur eine Ableitung der Mittelklasse und hat nicht mehr jene souveräne, handverlesene Exklusivität der einstigen Flachkühler S-Klasse. Und später, ab der 1993er Plakettenkühler-Modellpflege, kamen sogar populistische Vierzylinder E 200 und E 220 rechtzeitig zur Umstellung auf die heute noch gültige Nomenklatur. Denn die E-Klasse war geboren. So hatte die viersitzige offene Mercedes-Yacht ihren bourgeoisen Charakter verloren.

Hatte sie das wirklich? Unser turmalingrüner E200 von 1997, ein rostfreier Italien-Import mit kaum eingefahrenen 126.000 Kilometern auf dem Tacho, spielt den Glamour-Part im 124er C&C-Du-

ett sehr überzeugend. Dafür sorgt vor allem die üppige Ledergarnitur mit allem Drum und Dran, sogar Armlehne vorn, die im hellen Farbton Champignon überzeugend zum mondänen Edelsteinfarbton des Lacks konveniert. Diese betörende Kombination ist einem geschmacksicheren Kenner eingefallen, der das Auto 1997 orderte.

Das war kurz vor der Final-Edition, erkennbar an AMGLeichtmetallrädern und Schriftzug auf dem Sportline-Stammplatz. Wegen drohender Luxussteuer genügte dem Käufer zwar der Zweiliter-Vierventiler mit 136 PS, doch er rüstete bei der Ausstattung weiter auf: Automatik, Klimaanlage, Becker-Radio, Leichtmetallräder und das Sportline-Paket summierten sich in der deutschen Preisliste auf rund 90.000 Mark. Lederpolsterung war erst ab dem E220 Cabrio Serie.

Beim Umstieg aus dem frühen Coupé merkt man durchaus die Segnungen der beiden Möpfe – Mopf steht bei Mercedes-Freaks für Modellpfle-

Daten & Fakten

Mercedes-Benz E 200 Cabriolet, A 124, 1997

Motor Typ M 111, wassergekühlter Vierzylinder-Reihenmotor, Zylinderkopf aus Leichtmetall, Block aus Grauguss, 5 Kurbelwellenlager, zwei obenliegende Nockenwellen über Duplexkette angetrieben, vier Ventile pro Zylinder, V-förmig hängend über Tassenstößel betätigt, hydraulischer Ventilspielausgleich. Hubraum 1998 cm^3, Bohrung x Hub 89,9 x 78,7 mm. Leistung 136 PS bei 5500/min, max. Drehm. 190 Nm bei 4000/min, Verdichtung 9,6: 1, elektronische BenzinEinspritzung Bosch HFM, G-Kat, Ölinhalt Motor 5,9 Liter

Kraftübertragung Hinterradantrieb, Fünfganggetriebe, auf Wunsch Viergang-Wandler-Automatik mit Programmwähler, a. W. autom. Sperrdifferenzial ASO

Karosserie und Fahrwerk Selbsttragende, offene Stahlkarosserie mit Schwingungstilgern und Versteifungsblechen, automatisch ausfahrender Überrollschutz, elektro-hydraulisches Verdeck. Vorn Dämpferbeinachse mit Dreieck-Querlenkern, Schraubenfedern, Stabilisator. Hinten Raumlenkerachse mit jeweils zwei Querlenkern sowie Zug- und Schubstreben (5 Lenker pro Rad), Schraubenfedern, Stabilisator, Gasdruckstoßdämpfer, Servo-Kugelumlauflenkung, vier Scheibenbremsen, ABS, Räder 6,5 J x 15, Reifen 195/65 VR 15

Maße und Gewicht Länge 4655 mm, Breite 1740 mm, Höhe 1391, Radstand 2715 mm, Spur 1501/1491 mm, Gewicht 1690 kg, Tankinhalt 70 Liter

Fahrleistungen und Verbrauch Vmax 202 km/h, 0-100 km/h in 10,9 s, Verbrauch 9,8 L Super auf 100 km

Bauzeit und Stückzahl A 124 von 1991-1997, 33.968 Exemplare, E 200 v. 1993-1997: 6922 Exemplare, Neupreis 72.738 Mark

Kompakt und massiv erscheint der Vierventil-Vierzylinder im E 200, eine verstellbare Einlassnockenwelle gibt es erst ab E220, 150 PS. Wurzelnussfurnier ist beim Cabriolet und bei den späten Coupés serienmäßig. Weiße Blinker sind ein Tribut an den Zeitgeist.

ge. So scheint der Qualitätseindruck subjektiv besser, das Auto wirkt eine Stufe wertiger, die Sitze sind körpergerechter profiliert. Das leicht tiefer gelegte Fahrwerk vermittelt eine souveränere Straßenlage und wirkt auch optisch noch etwas ansprechender als das hoch in den Federn stehende Coupé.

Die aufwendige Raumlenkerachse mit ihren doppelten Querlenkern hinten vermittelt dabei einen sehr überzeugenden Kompromiss zwischen sanftem Abrollen und agilem Handling bei schnellem Kurvenfahren. Der gelingt beim Cabriolet eindeutig besser als beim deutlich untersteuernden Coupé, das im Ideal der Neutralität noch von einer Niveauregulierung unterstützt wird. Aber die doppelt so hohe Laufleistung ist dabei ein Handicap, das auch die hochwertigen Michelin Pilot-Reifen nicht wettmachen können. Selbst das Leistungsdefizit des Vierzylinders von 44 PS weiß das Cabriolet letztlich in einen Vorteil umzumünzen. Im Verbund mit der hoch effektiven Vierstufen-Automatik – welche die ausgeprägte Drehfreude des Vierventilers ausnutzt –, und einer recht kurzen Antriebsübersetzung gelingt es ihm, nicht nur dranzubleiben. Aus dem Stand beschleunigt es sogar besser. Erst nach längerem Anlauf zieht das Coupe vorbei, fährt aber nie davon – wobei die Gänge altersgerecht nie ganz ausgedreht wurden. Bei 5000/min lässt man es gut sein, um die Autos zu schonen. Aber in der Laufruhe ist der Sechszylinder nicht zu schlagen, auch längere Etappen über die Autobahn erledigt er mit großer Gelassenheit.

Braucht man als Mercedes-Fan beide, um glücklich zu sein? Die Versuchung ist groß, einem guten, 15.000 Euro teuren Cabriolet noch ein mittelprächtiges Coupe für 2500 Euro als Extra draufzupacken. Nur so, für alle Fälle.

Für immer jung

Damals in den 70ern war mein größter Wunsch ein Kleinkraftrad. Genauer gesagt wollte ich als Junge den König unter den Kleinkrafträdern, eine Zündapp KS 50 Watercooled in diesem unwiderstehlichen Violett-Metallic. Die kostete einst 3980 Mark, also blieb es beim Träumen aus dem Prospekt.

Smart Roadster, Typ 452

Motor	R3, Turbo, 698 cm^3
Leistung	61 PS
Gewicht	790 kg
Vmax	175 km/h
Bauzeit	2003–2005
Preis*	5000 Euro

Heute bin ich alles andere als jung. Aber die KS 50 drängt sich in regelmäßigem Zweitakt auf meine Wunschliste. Eine kleine hochfrequente Zeitmaschine, die mich zurückbringt in die Heimat, an meine Schule, in eine seelische Unbeschwertheit, die ich heute so selten empfinde. Wenig kann einem so viel geben.

Ich brauche ein wirksames Gegengift zum Luxus, zur Vollausstattung, zum V8. So eine Zündapp kostet heute satte 5000 Euro, und ich weiß nicht, ob ich eine gute Figur darauf machen würde. Ein Smart Roadster kostet das Gleiche, in dem sieht man mich nicht, es sei denn vom Lastwagen aus durchs offene Targa-Dach. Aber auch er schenkt mir das Gefühl von Jugend, Leichtigkeit und Ausgelassenheit. Er ist mit seinen 698 Kubik und 61 PS bei 5250/min trotz Turbolader eine reduzierte Fahrmaschine mit drei Zylindern, sechs Gängen, die ich trotz der Semi-Automatik nur manuell zu schalten verspreche, und zwei Sitzen – leicht und effizient genug, um 160 km/h, das sind 100 miles per hour (!), zu erreichen. Die 35 Liter Tankinhalt erlauben 600 Kilometer puren, direkten Fahrspaß in forcierter Gangart. Dank Aufladung ist, anders als bei der Zündapp, auch im Drehzahlkeller genügend Durchzugskraft vorhanden, der Heckmotor schiebt kräftig an.

Das Roadster-Coupé ist mir mit seinen 82 PS und dem extravaganten Glaskuppelheck entschieden zu glamourös, das Playmobil-Design driftet in Richtung Lifestyle ab. Es ist, um bei Zündapp zu bleiben, wie eine 80er im Vergleich zur 50er.

Cockpit passend zum Playmobil-Stil. Sequenzielle sechs Gänge, Schalthebel in der Mitte, manuell macht einfach viel mehr Spaß.

Coached by Karmann

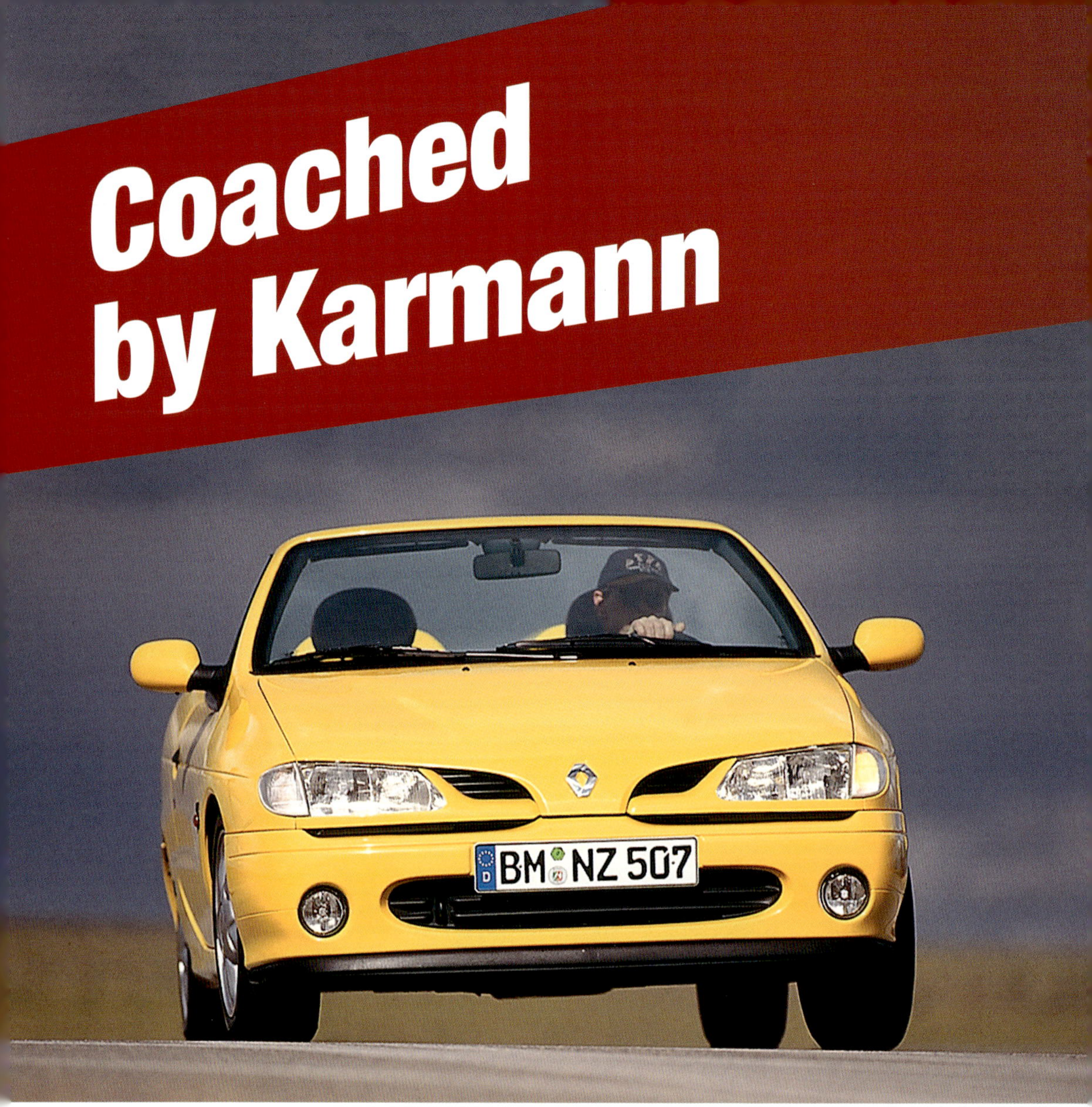

Ich habe ein Herz für billige Exoten, deshalb stand die skurrile Coupé-Version Mégane Coach schon öfter auf meinem Parkplatz bei mobile.de. Ein Auto mit fast so hohem Gelbanteil in der Produktion wie ein Ferrari F 355, nur leider nicht so attraktiv.

Renault Mégane Cabrio

Motor	R4, 16V, 1998 cm³
Leistung	147 PS (6000/min)
Gewicht	1230 kg
Vmax	215 km/h
Bauzeit	1997–2003
Preis*	2000 Euro

Das von Karmann aufgeschnittene und mit einem elektrischen Verdeck versehene Mégane Cabrio ist auch nicht viel teurer, also warum nicht gleich offen fahren für schlanke 2000 Euro. In den Mégane verliebt man sich mangels optischer Reize nicht sofort, sondern erst nach der Probefahrt. Weil nämlich das deutschfranzösische Cabrio als Zweiliter-DOHC mit 147 PS so unglaublich souverän motorisiert ist.

Maximaltempo 215 km/h und Nullhundert in 9,5 s, das sind potente BMW-320i-Werte, die hinter dem unscheinbaren Hausfrauengesicht des Mégane verblüffen. Bis auf den wartungsintensiven Zahnriemenantrieb der beiden Nockenwellen (Wechsel alle 60.000 Kilometer) kann man dem aufwendig konstruierten Triebwerk so gar nichts vorwerfen. Es bestimmt den unerwartet sportlichen Charakter dieses agilen offenen Viersitzers, der verwindungssteif genug ist und dessen mehrlagiges Verdeck die perfekte Karmann-Machart vorzeigt.

Wer auf die hinteren Sitze verzichten kann, der erzeugt mit dem zusätzlichen Gepäckraum »Roadbox« eine imposante Doppelhöcker-Linie wie einst beim legendären Quattro Roadster von Treser. Ich mag ihn lieber pur. Das Fahrwerk zeigt sich archetypisch für die Golf-Klasse, vorne McPhersons, hinten Verbundlenkerachse. Tester lobten damals das fast neutrale Kurvenverhalten, monierten aber die harte Federung. Ältere Damen hatten damals ein Faible für das Mégane Cabrio, deshalb gibt es noch viele gute.

Der offene Mégane ist keine Schönheit, aber eine ehrliche Haut. Mit Roadbox auf dem Rücksitz wird er zum Roadster.

Den behalt' ich gleich an

Ein Auto mit dem Flair einer Damen-Sandalette, sommerlich, luftig und voller Lebensfreude. Frauen mag er heftig zum Spontankauf animieren, zumal sein überaus günstiger Preis einem rot plakatierten All Season Sale gleichkommt.

Ford Streetka Elegance

Motor	R4, 1597 cm³
Leistung	95 PS bei 5500/min
Gewicht	1136 kg
Vmax	173 km/h
Bauzeit	2003–2005
Preis*	3000 Euro

Für Männer ist der stilistisch verspielte Ford Streetka, wie auch ein Mini Cabrio, nur bedingt tragbar. Ich gebe zu, ich mag den Streetka, dieses pfiffige kleine Cabriolet aus der Pininfarina-Manufaktur. Von wegen Ka wie Karikatur! Sollte man mich mit ihm an der Tankstelle erwischen und entgeistert mustern, habe ich bereits eine fantastische Ausrede parat: »Es ist der Wagen meiner Tochter, und ich habe ihn aus der Werkstatt geholt, die Rechnung bezahlt, und jetzt tanke ich ihn auch noch voll.«

Wie der gewagte, vom damaligen Ford-Chefdesigner Claude Lobo entworfene Kleinwagen Ka, basiert auch der Streetka auf der Plattform des Fiesta '96, was uns heute eine zuverlässige Frontantriebstechnik mit Verbundlenkerachse und dem legendär langlebigen Duratec-1600er-Motor beschert. Der immerhin 95 PS starke Zweiventiler verfügt erstaunlicherweise über Rollenschlepphebel und eine Steuerkette. Ein großer Vorteil des Streetka gegenüber dem kugeligen Ka, der als Rostlaube gilt, ist sein guter Korrosionsschutz. In vier Jahrenentstanden in Grugliasco 37.345 Exemplare. Pininfarina übernahm nur die Fertigung. Das rundliche New-Edge-Design des Zweisitzers teilen sich Claude Lobo und die Ghia-Studios, als Basis gilt die bizarre Roadster-Studie Ford Saetta, die 1996 auf dem Pariser Salon vorgestellt wurde. Der Streetka gefällt mit Gokart-Fahreigenschaften und einem temperamentvollen Motor. Frauen sollten sich gleich die feine Elegance-Version mit Lederpolsterung gönnen, dann riecht es im Streetka so angenehm wie in einer Schuh-Boutique.

Die Elegance-Ausstattung adelt den Streetka mit Ledersitzen und elektrischen Fensterhebern, das Verdeck bleibt stets manuell.

Das Lifestyle-Accessoire

Coupé und Cabrio? Keine Frage, der Opel Tigra TwinTop hat auf beide Looks eine Antwort: Er präsentiert eleganten, hochgeschlossenen Business-Dress im Großstadtalltag und zeigt lässiges Casual Wear für verwehtes Haar bei ausgedehnten Wochenendtouren zu zweit. Gerne auch ans Meer.

Opel Tigra 1.8 TwinTop Sport

Motor	R4, 1796 cm³
Leistung	125 PS
Gewicht	1230 kg
Vmax	204 km/h
Bauzeit	2004–2009
Preis*	4000 Euro

Diese Zeilen klingen nicht zufällig wie die Beschreibung eines Lifestyle-Accessoires in einer Modezeitschrift, denn eines bleibt unbestritten, der Opel Tigra TwinTop ist der Liebling der Frauen. Das wird auch im Prospekt sichtbar, in dem nur junge Damen agieren. Die offizielle Zahl aus der Opel-Marketingabteilung verrät eine Käuferinnenquote von 87 Prozent für den variablen Klappdach-Roadster, der von 2004 bis 2009 auf der Basis des Opel Corsa C beim französischen Edel-Karossier Heuliez gebaut wurde.

Auch sein Vorgänger, das extravagant gestylte Tigra Coupé hatte schon diesen femininen Touch, der Name klingt auch weiblich, und man könnte sich lederne Sitzbezüge in Tiger-Print und ein spezielles Handtaschenfach unter der reichhaltig instrumentierten Armaturentafel bei diesem zierlichen Opel sehr gut vorstellen.

So eine heftige Brise Lifestyle bekommt dem braven Opel-Image mehr als gut, überdies punktet der für ein Kleinwagen-Cabrio souverän designte Tigra-Roadster, bei dem ein Hauch Audi TT mitschwingt, dank vieler guter Eigenschaften. Er ist sehr zuverlässig, rostet im Alter dank Vollverzinkung so gut wie nie und fährt sich für einen Fronttriebler sehr agil. Der Motor ist ein unerwartet stämmiger 1,8-Liter-Ecotec-Vierzylinder mit 2 Nockenwellen und 16 Ventilen. Seine 125 PS sorgen für vehementen Vortrieb und so viel Fahrspaß, dass auch Männer in Versuchung kommen, sich den Tigra mal kurz vor Sonnenuntergang für die Fahrt zum See auszuleihen.

Das Stahldach faltet sich hinter den Sitzen zusammen. Für Taschen und Shopping-Tüten bleibt genügend Staufläche im Kofferraum.

Die Nachbarskatze

Er sieht schon so aus wie ein Damen-Sling-Pumps. Vorne tief ausgeschnitten, stark keilförmig im Profil und hinten hochgestellt mit markantem Spoiler als Fesselriemen. Keine Frage, das verspielte Schuhdesign von Ford-Stylist Claude Lobo ist eine versteckte Botschaft, welche die weibliche Zielgruppe klar als »Kauf mich!«-Signal deutet. Männer reagieren darauf kaum.

Ford Puma

Motor	R4, 1679 cm³
Leistung	125 PS
Gewicht	1051 kg
Vmax	203 km/h
Bauzeit	1997–2001
Preis*	2000 Euro

Sie sehen den schnöden Fiesta unter dem geschminkten Blech und trauen der kleinen Ford-Raubkatze nichts zu, außer vielleicht schön zu sein.

Eine Nachbarin fuhr vor Jahren Puma, 23 Jahre jung, Kosmetikerin, modebewusst, attraktiv, aber eine Spur zu grell gekleidet. Gerne trug sie Leopardenmuster, meist stöckelte sie handtaschenschwenkend zu ihrem Auto, und nur selten zog sie Puma-Sneakers zu ihrem gleichnamigen Coupé an.

Ein perfektes Klischee, aber so etwas gibt es, oft auch zu Unrecht, wie der Puma beweist. Dessen Temperament und Fahrdynamik begeisterte einst sogar die Tester von auto motor und sport: »Das Fahrwerk ist das Beste am Puma, er ist ein wahrer Kurvenkünstler, dessen drehfreudiger, klangvoller Motor dazu verleitet, dies auch oft auszunutzen.«

Das in Zusammenarbeit mit Yamaha entwickelte Zetec-SETriebwerk ist in der Tat eine im Puma unerwartete Perle der Gattung Verbrennungsmotor. Durchzugskräftig und temperamentvoll, dabei auch noch sparsam und trotz des Zahnriemens wartungsfreundlich und langlebig. Früher hätte man nur kleinen italienischen Coupés solch einen Motor zugetraut.

Heute ist der Puma verkannt und vergessen. Seine Karosserie neigt nur ungepflegt zu Rostbefall, und gute Autos mit frischer TÜV-Plakette gibt es schon für 1500 Euro. Der Puma hat ein Imageproblem wie echte Pelzmäntel. Aber im Grunde seines Wesens ist er ein Baby-Jaguar, den man einfach lieb haben muss.

Drehfreudig und langlebig, aufwendig konstruierter Zetec-SE-Motor. Lobo-Design im modischen Stil des Ford Ka.

Ein Auto für Einstein

Ein Doktor in Naturwissenschaften? Warum nicht. Promoviert in Philosophie? Ideale Voraussetzung. Hier geht es nicht um einen Job für Führungskräfte, sondern um eine Bewerbung für den Audi A2. Der nimmt nicht jeden, weil er so intellektuell und so weise ist, dass ihn kaum jemand versteht.

Audi A2

Motor	R3, TDI, 1422 cm³
Leistung	75 PS b. 4000/min
Gewicht	990 kg
Vmax	170 km/h
Bauzeit	1999–2005
Preis*	5000 Euro

Er sucht einen Elite-Partner mit Hochschulabschluss, dem Vitra-Möbel und »Mare«-Abonnement wichtiger sind als ein repräsentativer Wagen. Er ist ein reales Langzeitauto, weil er dem Rost länger als ewig trotzt. Der A2 schont Ressourcen, weil er selbst als 1,4 TDI nur 4,3 Liter braucht. Und im Ernstfall lässt sich Aluminium bestens recyclen.

Er ist ein Öko-Extremist, geriet formal fast zu abstrakt mit seiner schmalen Spur, seinem Strömungskörper mit Kammheck, der es auf einen Rekord-cw-Wert von 0,252 bringt. Er wirkt nicht wie ein Audi, sondern wie früher ein Citroën. So revolutionär, so avantgardistisch – nur nicht so liederlich. Leider hat den A2 nur eine intellektuelle Minderheit von 176.377 Käufern verstanden. Das war Audi zu wenig, der Kompaktwagen in Space Frame Technology geriet trotz des stolzen Preises von 18.750 Euro zu teuer in der Herstellung.

Nach sechs Jahren wurde er eingestellt, obwohl Design und Konzept die unbegrenzte Haltbarkeit einer Bundeswehr-Konserve gehabt hätten. Audi schoss zur Belebung noch ein paar bunte Farben nach, aber der A2 geht nur in Silber, das ist er dem Alu schuldig. Ich fuhr den A2 1.4 TDI mal als Mietwagen 1300 Kilometer lang. Zuerst dachte ich: Was für eine Kutsche. Aber dann wurde die Fahrt zur Offenbarung – schnell, agil, komfortabel und sicher. Der A2 kam mir vor wie ein hochkonzentrierter A6, die pure Essenz aus Vorsprung durch Technik.

Rot steht ihm nicht, es muss Silber sein. Den A2 kennzeichnet eine strömungsgünstige Form mit Kammheck wie aus dem Lehrbuch, im Inneren empfängt klares Interieur die Fahrgäste.

Der Zagato von Renault

Mein Freund Wolfgang schwört auf ihn. Sein Lieblingsargument für den gelben Mégane Coach lautet, dass er auf jedem Supermarktparkplatz das Gesicht in der Menge ist. Außerdem sei er ein klassenloser Wagen. Ich habe Wolfgangs Affinität zu diesem wahrhaft skurrilen Renault mit dem jäh kupierten Schrägheck nie verstanden, bis ich den Wagen einmal über eine lange Strecke fuhr.

Renault Mégane Coach 1.6e

Motor	R4, OHC, 1598 cm³
Leistung	90 PS
Gewicht	1090 kg
Vmax	185 km/h
Bauzeit	1996–2002
Preis*	2500 Euro

Er ist komfortabel, handlich und temperamentvoll, die 90 PS seines zahnriemengetriebenen OHC-Vierzylinders reichen völlig aus, um unerwartet viel Fahrspaß im wohltuend funktionalen Cockpit zu haben. Er ist ein Geheimtipp zum Sonderpreis, verzinkte Bleche verhindern das Rosten, es gilt nur wenige französische Sorglosigkeiten in Kauf zu nehmen. Mein Freund

Wolfgang nutzt seinen Mégane Coach als Alltagsauto – nicht aus Armut. Viel eher sind Bescheidenheit und Überzeugung der Grund, denn in seiner großzügigen Garage parken noch ein Renault Alpine A310 V6 für die entfesselte Racer-Seele und ein bürgerlicher Audi 60 L fürs Herz. Ich glaube, er hat höchstens 1300 Euro für das Coupé bezahlt, dessen bizarre Linienführung an den legendären Honda Z von 1970 erinnert. Manchmal erzählt Wolfgang aus Übermut die Story, dass der Mégane Coach wie das Mégane Cabriolet von Zagato entworfen worden sei. Sie klingt plausibel, keiner seiner Zuhörer hat dies bislang ernsthaft bezweifelt.

Fast alle Mégane Coach vom Typ BA, ab 1999 hieß der charismatische Zweitürer nur noch »Coupé«, die auf den Autohandels-Plattformen schon ab 900 Euro angeboten werden, sind im Farbton Jaune Tournesol (Sonnenblumengelb) lackiert. Es passt zu dem optimistischen Fronttriebler, von dem es eigentlich ein Sondermodell Sanssouci, also »ohne Sorge«, geben müsste, denn Wolfgang schließt ihn nicht einmal ab.

Nicht schön, aber interessant. Der Mégane Coach besitzt eine fesselnde Ausstrahlung, ist dabei aber solide und langlebig.

Der rote Bohemian

Ein Cabriolet für Künstler und Bonvivants ist der ausladende Chrysler LeBaron. Vielleicht liegt es an seinem operettenhaften Charakter, untermalt von leichtem Pathos, dass man sich keinen Kilometer auf den breiten Ledersesseln ohne Musik aus dem serienmäßigen CD-Radio vorstellen kann.

Chrysler LeBaron 3.0 LX

Motor	V6, 2972 cm^3
Leistung	136 PS
Gewicht	1395 kg
Vmax	190 km/h
Bauzeit	1986–1995
Preis*	4500 Euro

Natürlich macht es Freude, dem klangvollen, aber stets gut gedämpften Mitsubishi-V6 bei Fahrstufe 4 und eingeschalteter Cruise Control in engen Häusergassen zu lauschen, aber ohne Musik stellt sich der ultimativ-lässige Pentastar-Fahrgenuss nicht ein. »Bohemian Rhapsody« von Queen würde gut zu ihm passen, auch »Fool's Overture« von Supertramp. Und wenn der Fahrer einen weißen Sommeranzug wie Tom Wolfe tragen würde, gälte dies als stilvolles Requisit für den stilistisch sehr europäischen Amerikaner. Leider verlor er beim Facelift von 1993 die überaus mondänen Klappscheinwerfer. Seine halbseidene Attitüde wich als gereifter Youngtimer einem Kultstatus, der das Bizarre an ihm nicht toleriert, sondern feiert.

Zu einem Chrysler LeBaron fühlt man sich berufen. Hinter seinem ausschweifenden Wesen steckt auch ein kühler, ja geradezu technokratischer Kern: Der unzerstörbare V6 von milder Leistung ist »Made in Japan«, Frontantrieb und Quermotor sind Weltauto-Religion, und das Fahrwerk mit MacPhersons vorn und hinterer Längslenker-Starrachse mit Schraubenfedern könnte geradewegs von einem Audi 100 stammen. Rost ist dank solider Teilverzinkung kein Thema, und die Qualität und Verwindungssteifigkeit der viersitzigen Cabriolet-Karosserie mit elektrischem Verdeck ist besser, als es die laxen Spaltmaße vermuten lassen. Dass es immer noch Leute gibt, die behaupten, der Chrysler LeBaron wirke wie ein Pelzmantel vom Flohmarkt, stimmt uns traurig. Sie haben ihn nicht verstanden.

Der V6-Quermotor heißt 6G72 und ist Made in Japan. Den Fahrer erwartet ein braver Zwölfventil-OHC mit lässigen 232 Nm bei 2800/min.

Kurz vor historisch

Vom Opel Senator über den Ford Sierra bis zum BMW E 34 – die gut abgehangenen Spießer-Sänften von einst eint heute vor allem eines: Sie werden einer nach dem anderen mit dem H-Kennzeichen geadelt. Höchste Zeit also, sich eines der langlebigen Autos auf dem Kiesplatz zu sichern. Noch findet der aufmerksame Beobachter dort einige stiefmütterlich behandelte Schnäppchen.

Royal Splash

Meine Begeisterung für schräge Kisten schlägt hohe Wellen, als ich den Galant Royal für 499 Euro im Internet entdecke. Nichts wie hin und rein in die babyblaue Karre.

Auf den Fotos im Internet macht der Wagen innen wie außen eine gute Figur. Der plakative blaue Farbton des glänzenden Lacks erinnert mich an das leuchtende Gemini-Metallic von Audi. Er hat so einen Candy-Schimmer, wie ich es mag. Auch die grauen Veloursполster wirken unverbraucht. Ich klicke nur selten auf Mitsubishi Galant, habe dabei eher den häufigeren Typ E30 als Objekt für einen unvernünftigen Kauf im Visier.

Der Blaue ist sein Vorgänger, intern als E15 bezeichnet. Ich finde ihn hübscher. Was, nur 499 Euro soll die betont strömungsgünstige keilförmige Limousine kosten, die mich aus manchen Perspektiven an einen NSU Ro 80 erinnert? Jetzt erst einmal Nerven behalten und alles genau lesen, bremse ich mich ein. Aha, da haben wir es: »Gasanlage«. Ach du liebe Zeit! War für mich bisher stets ein absolutes Killerkriterium, genau wie ein Glasdach. Und dann noch: »Fahrzeug hat Mängel!!« Ist bei dem Dumpingpreis ja wohl eher normal.

Ist es wirklich ein Royal?

Natürlich registriere ich auf den Fotos die leicht verwitterten Royal-Schriftzüge auf Heck und Handschuhfach, aber sind die auch echt? Sie sehen dilettantisch aufgeklebt aus. Ist es wirklich ein Royal mit Klimaanlage, Tempomat, vier Fensterhebern und Alurädern? Und mit diesem elektronischen Fahrwerk Electronic Control Suspension, dessen Federhärte sich verstellen lässt und das über eine automatische Niveauregulierung verfügt? Diese typisch japanische Spielerei, die es später noch im fast baugleichen Mitsubishi-Topmodell Sapporo gab? Will ich diesen Klimbim über-haupt, der im Alter oft spinnt?

Eine Klimaanlage kann ich auf den Fotos nicht erkennen, dafür aber die zarte, infantil gezeichnete Karosseriekontur auf der Mittelkonsole, die auf das Elektronikfahrwerk hindeutet. Plötzlich ist der Impuls da, der Wagen wird auf den Fotos immer begehrenswerter. Das Jagdfieber bricht aus und wird von Erinnerungen angeheizt.

Versuchen wir es mal mit Schönreden: Penibler 86er-Originalzustand bis auf die gruselige Gasanlage. Wenig Rost, nur an den hinteren Radläufen. Seltenes Topmodell Royal. Sehr gut erhaltene Plüschsitze, Aluräder. Der Motor läuft.

Der Zweiliter-Vierzylinder ist trotz Zahnriemen ein erzsolider Motor mit antiquiertem Vergaser. Schade, dass der Kühlerdeckel des Mazda 323 nicht passt.

Innen ist der Wagen sehr gemütlich. Die bunten Instrumente mit den skurrilen Bedienungssatelliten bringen wie auch die Warnlampe auf dem Rücksitz Farbe ins Spiel.

Jetzt ist tiefes Durchatmen angesagt. Kaufen oder lieber ganz schnell abhauen? Für die Karre gibt es doch längst keine Teile mehr …

Ich war Ende zwanzig, und eine Freundin, sie hieß Brigitte, fuhr so einen Galant, keinen Royal, aber einen 2000 GLS in genau diesem Blau. Wir gingen ein paar Mal zusammen aus. Der Wagen war fast neu, unsere letzte Fahrt mit ihm war eine Reise auf der A 40 von Aldekerk nach Amsterdam. Und wie das Schicksal es will: Der Galant Royal hat niederländische Papiere; er steht in Lahr bei Offenburg. Natürlich verpassten ihm die Holländer die Gasanlage, Autogas ist ihre Obsession. Sie muss raus, notfalls mit der Flex!

Am nächsten Tag, es ist der bisher heißeste des Jahres, finde ich mich wie ferngesteuert in einem Industriegebiet wieder. Der Händler gibt sich freundlich, er lächelt oft. Aber wohl eher über mich und meine Euphorie, die ich einem 499 Euro billigen Auto entgegenbringe, das ich noch gar nicht real gesehen habe. Er gibt mir die beiden Schlüssel für Nummer 149, weist mir gestenreich den Weg zu einem anderen Platz und zuckt mit den Schultern, als ich ihn in einem kurzen Moment der Besinnung nach den Mängeln frage: »Ich habe den Mitsubishi so, wie er ist, in Zahlung genommen. Fahren können Sie damit auf jeden Fall.«

Ich darf alleine und völlig ungestört mit dem Galant auf dem riesigen Platz an den Bahngleisen spielen. Es ist eine filmreife Kulisse, umrankt von heftig wucherndem Grün. Ungefähr 50 mehr oder weniger alte Autos stehen hier, ihre Scheiben

Ist der angebissene Royal-Schriftzug ein Warnhinweis: »Lass die Finger von dem Auto«?

Das zerbrochene Spiegelglas verströmt morbiden Charme.

reflektieren die Mittagssonne so gnadenlos grell wie Spiegel. Nur ein rostbrauner Opel Kadett D 1.3 und der Mitsubishi ragen aus der Masse der Jüngeren. Der Galant steht zugeparkt ganz hinten, sein äußerer Zustand ist so wie erwartet. Wenn er jetzt noch leidlich fährt, wird er meiner. Ich reiße alle Türen auf, setze mich rein, es ist tierisch heiß im spießig-akkuraten Royal-Ambiente. Das Kopfkino springt lebhaft an, die späten 80er tauchen wieder auf, 148.562 Kilometer auf dem Tacho sind nicht zu viel. Im Fond liegt eine Warnlampe. Ist sie symbolisch zu deuten? Etwa als Wink des Schicksals: »Finger weg von der Karre«?

Probefahrt im Slalom

Nach dem Check von Motoröl und Kühlwasser, der leider einen fehlenden Kühlerverschluss offenbart, läuft der Wagen ohne Starthilfe spontan an. Seine ungebührlich ansteigende Lautstärke bei zwei, drei kurzen Gasstößen deutet auf einen

Daten & Fakten

Mitsubishi Galant Royal, Typ E15, Baujahr 1986

Motor Typ 4G 63A, wassergekühlter Vierzylinder-Reihenmotor, vorne quer, Bohrung x Hub 85 x 88,5 mm, Hubraum 1983 cm^3, Leistung 102 PS bei 5500/min, Drehmoment 161 Nm bei 3500/min, Verdichtung 9,5 : 1, zwei v-förmig angeordnete Ventile pro Brennraum, betätigt über eine zahnriemengetriebene Nockenwelle, Schlepphebel und Hydrostößel, Zylinderkopf aus Leichtmetall, Block aus Grauguss, fünf Kurbelwellenlager, zwei gegen-läufige Ausgleichswellen, ein Aisan-Kogyo-Registervergaser, Transistorzündung, Ölinhalt Motor 4 Liter

Kraftübertragung Hydraulisch betätigte Kupplung, Fünfgang-getriebe, a. W. Dreistufenautomatik mit Overdrive, Frontantrieb

Karosserie und Fahrwerk Selbsttragende Stahlblechkarosserie, vorne McPherson-Federbeine, Dreiecks-Querlenker, Stabilisator, hinten Verbundlenkerachse, Längslenker, Federbeine, Panhardstab, Niveauregulierung und Electronic Control Suspension, Servo-Zahnstangenlenkung, Scheibenbremsen, Räder 5,5 J x 14, Reifen 185/70-14

Maße und Gewicht Radstand 2600 mm, Länge x Breite x Höhe 4560 x 1695 x 1385 mm, Gewicht 1195 kg, Tankinhalt 60 Liter

Fahrleistungen und Verbrauch Vmax 181 km/h, Beschl. 0–100 km/h in 12,8 s, Verbr. 9 l/100 km

Bauzeit und Stückzahl Galant Typ E10–E16, 1983–1988: 1.235.678 Exemplare

defekten Endschalldämpfer hin. Nach mühsamem Ausparken folgen drei, vier Proberunden in dieser heißen grünen Hölle, im Slalom um die vielen Autos. Vorne dampft es schon leicht aus den Fugen der Motorhaube.

Was jetzt folgt, ist das retardierende Moment in der Handlung des unvernünftigen Kaufens. Die Gedanken kreisen heftig um das Thema »Nehmen oder stehen lassen?«. Mit einem Schlag brauche ich schon mal zwei neue Reifen vorne, einen neuen Auspuff und eine Handvoll Kleinteile. Von dem blöden Gaskessel im Kofferraum mal ganz zu schweigen. Andererseits ist der Galant selten, hübsch und billig. Er lenkt, schaltet und bremst gar nicht schlecht. Das Rettersyndrom siegt um Impulseslänge.

Aber wie kriege ich den Kühler zu? Da kommt mir der Mazda 323 Typ BJ, der offen unter einem Baum steht, in den Sinn. Instinktiv setze ich auf das famose japanische Gleichteileprinzip und leihe mir seinen Kühlerverschluss aus. Der verfehlt die genaue Passform knapp. Ich umwickle ihn unten am Bajonett mit den Resten eines alten Lappens. Mutig wage ich die Überführungsfahrt, die Temperaturanzeige las-se ich dabei nicht aus den Augen.

Irgendwie ist der Royal doch ganz entzückend in seiner Hilflosigkeit in dieser grünen Hölle.

Senator-Lounge

Opel Senator 3.0i, Typ B

Eckdaten Reihensechszylinder, CIH, 2968 cm³, 156 PS, 1470 kg, 210 km/h, 1987 bis 1993,
Preis 4700 Euro (guter Zustand),
Charakter Komfortable, sehr geräumige Reiselimousine mit leisem und kraftvollem Sechszylinder. Ohne Automatik schier nicht vorstellbar.

Jetzt wird endlich ein großer Opel fällig! Tausend Euro beträgt das Limit. Darunter passt ein Senator B als abgerockter Schlitten. Mit Admiral-Maschine und Straßenkreuzer-Flair gibt er die Idealbesetzung für ein Roadmovie.

Für große Opel hatte ich schon immer etwas übrig. Seit meiner Kindheit, denn mein Onkel Hubert Henckels, der in Heiligenwald bei Saarbrücken eine Gaststätte mit Bundeskegelbahn und Fremdenzimmer betrieb, kam uns regelmäßig mit Tante Elfriede im Opel Admiral 2800 besuchen. Es war der A-Typ mit der Zweigang-Powerglide-Automatik von GM. Doch dabei blieb es nicht. Onkel Hubert, ein vollschlanker Zigarrenraucher, Lieblingsmarke »Deutsche Einheit« von Rinn & Cloos, stellte seinen Wohlstand gerne mit jenen repräsentativen Sechszylindern zur Schau, die ich im eigenen Elternhaus so arg vermisste.

Er kaufte sie sehr günstig gebraucht als vier Jahre alte Wagen. Auf den A folgte ein Admiral B 2800 S mit Zweivergaser-Motor, dann stieg er auf einen jadegrünen Opel Senator um, auch wieder als 2.8 S in Basisausstattung, denn Benzineinspritzung war Hubert suspekt, aber wie immer stand Automatik ganz oben auf seiner Wunschliste. Stolz war er auf »die neue Schräglenker-Hinterachse, die zusammen mit den vorderen MacPherson-Federbeinen für eine souveräne Straßenlage sorgt«, wie Hubert den Prospekt zitierte. Dabei fuhr er höchstens zügig, aber nie wirklich schnell. Beim Senator B, der sein letzter großer Wagen sein sollte, musste er »das moderne Teufelszeug« namens Benzineinspritzung schließlich hinnehmen. Er wählte im technisch mit dem A-Typ fast baugleichen B wiederum seinen Traditionsmotor aus der KAD-Familie, gemeint sind Kapitän, Admiral und Diplomat, der immer noch so monolithisch-unzerstörbar aussah wie früher, nun aber die modische Aufschrift »3.0 Injection« trug.

Es machte ihm stets Freude, sich mit mir von der Kaffeetafel davonzustehlen und seine jeweils neuesten Errungenschaften aus Rüssels-heim dem autobegeisterten Neffen vorzuführen. Ich fieberte auf dem Beifahrersitz mit und erkannte schon früh, dass diese Art der gelassenen Fortbewegung von sonorem Klang, die aus großem Hubraum und geschmeidigem Wandlerfluid von Dexron schöpft, früher oder später die meine werden würde. Doch ich verlor mich, kam nach ein paar glücklichen Jahren mit einem karneolroten Opel Commodore C 2.5 S Berlina vom einst prägenden Opel-Pfad ab, lief scheinbar grundlos zu Ford über, erst Taunus TC als 2.3 Ghia, dann mindestens eine Handvoll Granada Mk 2 und Mk 3. Dabei empfand ich den Senator A, trotz seines kürzeren Radstands von 2683 zu 2750 Millimetern beim Ford, stets als eine halbe Klasse höher. Erst recht als 3.0 E CD, dem ich leider nie, selbst in 25 Jahren Händlertourismus nicht, auf einem Kiesplatz für kleines Geld in schönem Zustand begegnete.

Ich bin mir sicher, dass ich sofort einen gekauft hätte, gerne auch eine Nummer kleiner als Senator 3.0 S mit C-Ausstattung hätte ich ihn akzeptiert. Wer mal einen Berlina hatte, der macht es unter dem C-Paket nicht, das Plüschve-

Sissi, das Maskottchen von der Tankstelle, fühlt sich in der Senator-Lounge wohl. Der Preis ist heiß mit reichlich TÜV. Leider fehlt das ersehnte Wartungsheft. Und nein, es ist nicht die Zylinderkopfdichtung. Es ist kalt!

lours in beiden Salons ist einmalig. Bestimmt war der begeisternde Opel Admiral B, den ich im letzten Heft ausgiebig fuhr, der unterbewusste Auslöser für diesen unvernünftigen Kauf, der schließlich spontan in einem Opel Senator B mündete.

Er ist so wie der von Hubert

Ich gab bei mobile.de »Senator bis 2000 Euro« ein, filterte die unerwünschten CD mit Mäusekino und anfälligem Ride-Control-Fahrwerk weg und verharrte bei einem frühen 88er-Automatikwagen in der Nähe von Ravensburg mit Schiebedach für 950 Euro, der noch bis Mai nächsten Jahres TÜV hat. Er besitzt die zahme, sanfte Admiral-Maschine mit satten drei Litern Hubraum, geregeltem Katalysator und deshalb 156 statt 177 PS. Auch sonst ist er genau so, wie der von Hubert war: Lack in Platin, Rahmenkopfstützen im Fond, leider auch mit Anhängerkupplung. Hubert brauchte sie und die 1800 Kilo Anhängelast des Senator, wenn er mit seinem geschlossenen Tandemachs-Anhänger zum Großmarkt und zum Schlachthof nach Saarbrücken in den Lyonerring fuhr, um für seine Gaststätte einzukaufen.

Ich rede nie mit Autohändlern am Telefon, das macht bei einem 35 Jahre alten Wagen nun erst recht keinen Sinn. Ich muss sehen, was los ist. Also nichts wie hin ins Allgäu, 1000 Euro in bar im Portemonnaie, die rote Nummer in der blauen Nylontasche und den Kopf voll von wilder Entschlossenheit.

Was für ein schöner Wagen: Blick aus dem Asia-Restaurant Mekong auf meinen Opel Senator vor dem Beginn der spannenden Heimreise.

Das große Kiesplatzgelände parallel zur idyllischen Bahnlinie von Bad Waldsee nach Kißlegg beherbergt einige zum Teil leicht angezählte Youngtimer in bunten Farben und wild zusammengewürfelten Motorisierungen: VW Golf II, BMW Dreier E36, Audi 80 Typ 89 und natürlich jede Menge Mercedes 190, W 124, W 210. Neben meinem künftigen Opel Senator 3.0i in der Farbe Platin-Metallic E 112, einem perfekten Rauchsilber-Double, steht ein Mercedes 300 CE Automatik, leider mit weißen Blinkern, leider in Blauschwarz, aber in brauchbarem Zustand für 2990 Euro. Fünf Sekunden gelingt es ihm, mich abzulenken, aber dann bin ich wieder ganz beim Senator. Ich ent-

Daten & Fakten

Opel Senator 3.0i, Typ B, Baujahr 5/1988

Motor Typ C30LE, wassergekühlter Sechszylinder-Reihenmotor, vorn längs, Bohrung x Hub 95 x 69,8 mm, Hubraum 2968 cm³, Leistung 156 PS bei 5400/min, max. Drehmoment 228 Nm bei 3900/min, Verdichtung 8,6:1, zwei parallel angeordnete Ventile pro Zylinder, betätigt über eine duplexkettengetriebene hochgelegte Nockenwelle CIH (Camshaft in Head), kurze Hydro-Stößelstangen und Kipphebel, Zylinderkopf und Motorblock aus Grauguss, sieben Kurbelwellenlager, elektronische Zündung u. Saugrohreinspr. Bosch Motronic ML 4.1 G-Kat, Motorölinhalt 5,5 Liter

Kraftübertragung Fünfganggetriebe oder Aisin-Warner-Vierstufen-Autom. AW03-71, Hinterradantrieb

Karosserie und Fahrwerk Selbsttragende Stahlblechkarosserie, cW-Wert 0,30, vorn Mac-Pherson-Federbeine, untere Querlenker, Stabilisator, hinten Schräglenkerachse, Zugstreben, Minibloc-Schraubenfedern, Stabilisator, ZF-Servotronic-Kugelumlauflenkung, Scheibenbremsen, ABS, Räder 6 J x 15 o. 7 J x 15, Reif. 205/65 VR 15

Maße und Gewicht 2730 mm, L x B x H 4485 x 1763 x 1452 mm, Gew. 1470 kg, Tank 75 l

Fahrleistungen und Verbrauch Vmax 210 km/h, Beschl. 0 bis 100 km/h in 10 s, Verbr. 12 l/100 km

Bauzeit und Stückzahl Senator B, 9/1987–4/1993: 69.943 Exemplare; Omega A: 961.396 Exemplare inkl. Vauxhall

Der seit 1965 gebaute Admiral-Motor heißt nun 3.0 Injection, sein Ölverbrauch ist gering.

decke geschminkte Radläufe, fehlende Zierleisten in der Frontpartie und AEZ-Zylo-Leichtmetallräder, die ich aber gar nicht so scheußlich finde. Heute Abend, wenn ich bei einem Bier den damaligen Neupreis von 56.013 Euro inklusive der acht Extras ausrechnen werde, sollte ich den Nachrüstungsbeschluss noch einmal überdenken. Anderes ist viel wichtiger.

Wenig später finde ich mich beim einsilbigen Kiesplatzhändler wieder, im Penthouse-Container mit der Aufschrift »Nur für Export«, der durch eine steile Treppe erklommen werden will. Unser Deal ist klar: »Der Wagen läuft, keine Fotos, kein Handeln, keine Namen, keine Gewährleistung, erst recht keine mit der neuen Zweijahresfrist!«, erklärt mir der stämmige Mann gegenüber, während ich ihm neun-zehn 50-Euro-Scheine gegen Brief und Schlüssel vorzähle und mich dabei er-

Alfs To Do Liste

- Die fehlenden Zierleisten im Stoßfänger vorne nachrüsten sowie die Abdeckung rechts unten ergänzen. Anhängerkupplung abbauen. Glas im rechten Außenspiegel montieren, originale Ronal-Aluräder im BBS-Kreuzspeichendesign nachrüsten, verblichenes Opel-Logo vorn ersetzen
- Schlauch samt Schelle an der Servopumpe für die Lenkung erneuern, Funktion des Drehzahlmessers prüfen, Wackelkontakt am Gebläse beseitigen, mechanischen Kilometerzähler überprüfen, Schalter für heizbare Heckscheibe tauschen
- Beifahrer-Sonnenblende befestigen. Dachhimmel festkleben, Handschuhfachdeckel gängig machen. Wartungsheft und Opel-Händlerverzeichnis von 1988 besorgen, zwei weitere Schlüssel anfertigen lassen. Panasonic-CD-Player DP 200V gegen original Opel-Kassetten-Radio SC 804 Autoreverse tauschen

tappe, in seinen lakonischen Hexameter zu verfallen: »Okay, keine Probefahrt, keine Reklamationen, keine Rückgabe, auch nicht bei einem Liegenbleiber, ich bin selber groß!« Neunhundertfünfzig Euro gehen nur ohne Vollkasko.

Vom Omega voll emanzipiert

»Opel, der Zuverlässige«, hieß es einst, und für mich ist der Senator B mit der Admiral-Maschine einer der letzten Exponenten stets gesicherten Ankommens. Dank der vornehmen Stilistik von Opel-Designer Erhard Schnell ist der Senator für mich kein Omega-Derivat mehr. Die Front mit dem großopeltypischen Waffelgrill scheint noch Huberts Admiral A zu zitieren. Außerdem erinnert mich die Form an die Studie Ferrari Pinin von 1980, die Antwort auf den Maserati Quattroporte. Spontan stellt sich auch dank dieses beschwingten Gedankenkarussells nach den ersten 20 Kilometern trotz trister Wintervegetation ein wohliges Gefühl ein: Raum gibt es in Hülle und Fülle, die Heizung spendet eifrig Wärme, der stoische Reihensechszylinder summt bei 2300/min und konstanten 100 km/h sein melancholisches Lied von unerfülltem Fernweh. Die drei Schaltvorgänge bis hierher blieben unbemerkt, so sanft vollzogen sie sich. Gerne würde der Opel das Voralpenland mit den Weiten der Provence oder dem endlosen Horizont des kastilischen Hochplateaus tauschen. Nur mit ein paar Tankstopps bis zur Algarve, bis zur Endstation Cabo da Roca, an Europas westlichstem Land's End, mein Senator würde es packen.

Apropos tanken, das sollte ich schleunigst tun, denn Kiesplatzautos ernähren sich nur noch von feuchten Tankwänden. Dabei nehme ich bei der Esso-Station in Bad Waldsee, Motto: »On the Run«, im Vorbeigehen einen Wunderbaum Vanille und Maskottchen Sissi mit. Ein schrilles, katzenhaftes Wesen, Farbtupfer in der uniformen Velourslandschaft, Glücksbringer und Mittel gegen die Einsamkeit des Langstreckenfahrers in meinem herrlich ereignislosen Allgäuer Roadmovie.

Denn es gelingt mir, aus netto 127 Kilometern Heimfahrstrecke an meinem ersten Tag in der Senator-Lounge locker das Doppelte zu machen. Die Mühelosigkeit des Fahrens, die noch ausgeprägter ist als in einem BMW 525i oder in einem Mercedes 260 E, verleitet mich zu immer neuen Abzweigen, instinktiv folge ich den drei Nebenbahnstrecken in der Region und finde mich kurz

Platin wirkt so wie bei Mercedes Rauchsilber. Frisch gewaschen glänzt der Zweischicht-Lack wie neu. Besonders erfreulich: Er zeigt wenig Rost und Kratzer.

Länge läuft: Ein paar stilistische Kunstgriffe machen den Opel Senator deutlich attraktiver als den Omega.

vor Füssen wieder. Mir fällt auf, dass das mechanische Kilometer-Zählwerk immer mal wieder für eine Weile aussetzt, die angezeigten 147.851 sind also eher mehr.

Aber der an sich gepflegte Wagen ist aus zweiter Rentnerhand und trägt ein ganzes Sortiment verblichener Ölwechselzettel im Motorraum. Das schenkt mir Vertrauen. Beim Blick auf die Instrumententafel samt Mittelkonsole glaube ich einen maßstäblich vergrößerten Vectra A vor mir zu haben, das Interior-Design ist identisch, die reichliche Verwendung von karamellbonbonfarbenem Hartplastik auch. Hier wird der Senator seinem hohen Anspruch nicht gerecht, den der komfortable Wagen aus seiner aufwendigen Technik schöpft.

Fahren, bis der Tank leer ist

Bei Wagen dieser Couleur und Preisklasse fährt der Wartungsstau stets mit. Er ist ein beunruhigender Beifahrer, der sich in meinem Senator als Schimäre entpuppt. Reihensechszylinder nach gusseiserner, unaufgeregter Opel-Rezeptur geben mir ohnehin ein Gefühl von Geborgenheit. Es gibt auf meiner vom Schnee verwaschenen grau-grünen Landschaftsbeschau nichts Auffälliges. Nur die Nadel des Drehzahlmessers hüpft ab und zu über die Skala, die übrigen Instrumente verkünden höchstes Wohlbefinden von Öl und Wasser.

Ich genieße es, einmal nicht in einem Mercedes zu sitzen, die Senator-Fahrkultur ist eine lässigere, es scheint eine amerikanische Attitüde in seinem Wesen durch. Cadillac könnte sein zweiter Vorname sein. Es war von GM geplant, den Catera durch einen V8-Senator zu ersetzen. Diese entspannte Philosophie vom Fahren als Selbstzweck, den Weg zum Ziel zu erklären, animiert mich, den 70-Liter-Tank leer zu fahren. Als Therapie gegen den Alltagsstress. Eigentlich finde ich es ja albern, Autos Namen zu geben. Für mich ist es das erste Mal. Aber mein Senator wird Hubert heißen.

Worauf Sie beim Senator B achten müssen. Rost ist wirklich ein Problem!

Anders als bei Audi haben sich voll verzinkte Bleche bei Opel aus Kostengründen nicht durchsetzen können. Die Karosserie des Senator B basiert auf der des Omega A. Wie beim Mittelklässler sind die geklebten hinteren Radläufe, die Schweller und die Buchsen für die vorderen Schräglenkerlager oft von Korrosion befallen. Die ursoliden Opel-Sechszylinder vertragen hohe Laufleistungen, der thermisch sensible DOHC-Typ namens C30SE ist auch beim komplexen Ventiltrieb empfindlicher. Die Senator CD-Version mit LCD-Mäusekino, Bordcomputer und Ride-Control-System weist hochgerüstete Elektronik auf, die im Alter anfällig wird.

Komm mit mir!

Mercedes-Benz 230 E, W 124

Eckdaten Vierzylinder-Motor, OHC, 2298 cm³, 132 PS, 1370 kg, 203 km/h, 1984 bis 1992,

Preis 5900 Euro (guter Zustand),

Charakter Elegante Limousine mit harmonischen Fahreigenschaften. Leiser und kraftvoller Vierzylindermotor. Rostanfällige Karosserie.

Mitleid ist ein wichtiges Motiv für den unvernünftigen Kauf. Wenn obendrein nur 999 Euro für 1370 Kilo Nobel-Auto mit 17 Extras aufgerufen werden, kann ich nicht anders. Dann ist dieser 230 E eben mein siebter Hundertvierundzwanziger vom Kiesplatz. Wird es der letzte sein? Ich glaube nicht, denn es gibt immer wieder einen billigen, der etwas Besonderes hat.

KOMM MIT MIR!

Es ist Mai, aber dieser Mittwoch im Wonnemonat tarnt sich als neblig kühler Novembertag. Die Trauerweide, unter der ein trist wirkender, grauer Mercedes 230 E steht, ist symbolisch für den Tag und für das Auto. Sie trägt noch ihr schütteres Winterkleid, hat ihr braunes Laub ringsherum verteilt. Längst müsste sie blühen, zartes Grün sollte an ihren herabhängenden Zweigen sprießen. Hoffentlich erholt sie sich noch. Ich stehe mit meinem 30 Jahre alten BMW 520i in Friedrichshafen am Bodensee an einer Ausfallstraße mit vielen Kiesplatzhändlern. Gekommen bin ich als Trainspotter. Ich fotografierte am Vormittag die letzten schweren Dieselloks der Baureihe 218 mit dem großen MTU-Zwölfzylinder TB11: 114, 7 Liter Hubraum, 2800 PS bei 1700/min. Die Südbahn ist jetzt elektrifiziert, der betörende Großdiesel-Sound ist ab morgen vorbei.

Ein gewöhnlicher W 124?

Den Mercedes, der kein Diesel ist, witterte ich, er ist von der Straße kaum zu sehen. Ich hielt an, stieg aus und umrundete den Erstserien-124er neugierig. Auf dem Kofferraumdeckel ist nur noch der Umriss »230 E« zu erkennen, der Chrom-Schriftzug fand leider einen Liebhaber. Der Lack, der nur noch eine schmutzige Melange ist, sieht so dunkel aus wie Anthrazit metallic oder so gewöhnlich wie Brillantsilber. Ein paar verirrte Sonnenstrahlen, die aus der Trübnis kurz aufblitzen, lösen das Rätsel. Es ist Perlmuttgrau-Metallic, Code 122. Eine Farbe, die unter günstigen Umständen vornehm wirkt, selten ist und mir ausnehmend gut gefällt.

Die Scheiben sind von innen tropfnass; nur unter großen Verrenkungen gelingt es mir, den Kilometerstand vom Tacho abzulesen: 386.302. Für einen Mercedes heißt das nichts, es entspricht fast exakt der mittleren Entfernung von der Erde zum Mond. Dabei fällt mir das frühe Airbag-Lenkrad auf, ein wahrhaft exklusives Extra, 1987 horrende 2251,50 Mark teuer, wie ich später ausrechnen werde. Es hat den rohen, unvollkommenen Charme eines Objekts aus der Versuchsabteilung; gerade deshalb spricht es mich ganz besonders an. Auf dem Beifahrersitz liegt das vom Innenspiegel abgefallene, wellige Verkaufsschild: »MB 230 E, kein TÜV, 380 Tkm, 3. Hd., ABS, ASD, 5-Gang, Airbag, ZV, u. v. m., alle Services, Festpreis 999 Euro«.

Über ein automatisches Getriebe verfügt der 230 E leider nicht. Dafür ist ein Schiebe-dach an Bord und grün getönte Scheiben, die mir genauso wichtig sind wie die Kopfstützen im Fond, die der Perlmuttgraue noch hochgeklappt trägt, als letztes Zeichen seines einstigen Stolzes. Hier unter

Oben: Alles vorbereiten für die Probefahrt. Der Motor läuft schon im Stand, ruckelt und sägt aber heftig. Rechts: Stern intakt, Feder gebrochen. Klarer Fall für Teile-Nummer A1248800086. Macht 34,89 Euro Unten: Den Kofferraum bevölkern ein Satz Goodyear Vector 3 und Anbauteile vom Wagenboden.

Daten & Fakten

Mercedes-Benz 230 E, W 124, Baujahr 2/1987

Motor Typ M102.980, wassergek. Vierzylinder-Reihenmotor, vorn längs eingebaut, Bohrung x Hub 95,5 x 80,25 mm, Hubraum 2298 cm³, Leistung 132 PS b. 5100/min, max. Drehm. 196 Nm bei 3500/min, Verdichtung 9 : 1, zwei Ventile pro Brennraum, betätigt über eine obenliegende kettengetriebene Nockenwelle und Kipphebel, hydraul. Ventilspielausgleich, Zylinderkopf aus Leichtmetall, Motorblock aus Grauguss, fünf Kurbelwellen lager, mechan.-elektronische Saugrohr-Einspritzung Bosch KE-Jetronic, Elektronikzünd., G-Kat, Ölinhalt 6,5 Liter

Kraftübertragung Fünfgang-Schaltgetriebe, a.W. Viergang-Wandler-Automatik, a.W. autom. Sperrdiff. ASD; Hinterradantrieb

Karosserie und Fahrwerk Selbsttr. Stahlblechkarosserie, vorn Dämpferbeinachse mit zwei Dreiecksquerlenkern, Schrauben federn, hinten Raumlenkerachse mit doppelt. Querlenkern, Zug- u. Schubstreben, Schraubenfedern, a.W. Niveauregul., Servo-Kugelumlauflenkung, Scheibenbremsen, a.W. ABS, Räder 6,5 J x 15, Reifen 185/65-15

Maße und Gewicht Radst. 2800 mm, L x B x H 4740 x 1740 x 1440 mm, Gew. 1370 kg, Tank 70 l

Fahrleistungen und Verbrauch Vmax 203 km/h, 0–100 km/h in 11,5 s, Verbrauch 10,5 l/100 km

Bauzeit und Stückzahl Limous. W 124:1984–1995: 2.058.777 Exemplare, 230 E 1984–1992: 374.422 Exemplare

Entzückendes Detail: »Sandra's W124«. Ein Schulheft mit Hamster-Titel wird zum Wartungsheft (oben links). Der Vierzylinder M102 macht trotz der astronomischen 386.302 km einen gesunden Eindruck (oben rechts). Das macht glücklich: Komplettes Bordbuch mit Datenkarte und drei Autoschlüsseln (unten links). Pittoreske Tropfen innen an der Frontscheibe künden vom Feuchtbiotop unter der Trauerweide (unten rechts).

der Trauerweide scheint sein Schicksal besiegelt: Es heißt Export, weil viel zu hohe Laufleistung und Zustand nicht gut genug: getapter Riesenriss im Stoßfänger, der Mercedes-Stern hängt lose in der Kühlerattrappe, der Sockel einer CB-Funkantenne stört.

Wobei sich die Rostschäden bei oberflächlicher Betrachtung in Grenzen halten. Beide hinteren Wagenheberaufnahmen brauchen ein Reparaturblech, und der rechte Windschutzscheibenrahmen ist mit Karosserie-Dichtmasse eingepinselt. Während ich mich dabei ertappe, das Laub mit den Händen aus dem Windfang zu schaufeln, manifestiert sich der Gedanke: »Komm mit mir.« Leise dahingeflüstert wie ein Versprechen. Es könnte auch heißen: »Ich hol dich hier raus.« Der Gebrauchtwagenhändler, ein stämmiger Mann mit ungarischem Akzent, kommt in diesem Moment grüßend aus seinem Container.

Wahrscheinlich hat er mich schon länger beobachtet. Schließlich widme ich mich dem Perlmuttgrauen schon eine gute halbe Stunde, inklusive Drunterlegen und Öffnen des unverriegelten Kofferraums. Aus ihm grüßen vier Sommerreifen Goodyear Vector 3 im Sechszylinderformat 195/65 R 15. Der Mann mit der Veedol-Baseballcap wittert seine Chance, er spürt meine Entschlossenheit, liefert devot das Notwendige: »Wenn Sie bitte den Schlüssel möchten, mein Herr, den Booster habe ich gleich mitgebracht. Ich sehe, Sie sind Liebhaber und nehmen sich Zeit für den Wagen. Sie erkennen sein Potenzial, er hat 17 teure Extras laut Datenkarte.« Er redet nicht so wie Kiesplatzhändler reden. Er spricht unterhaltsam. Man hört ihm gerne zu.

Zäher Start zurück ins Leben

Ich nehme den gelb markierten Bund mit den drei Schlüsseln, öffne die Fahrertür und ziehe die Haubenentriegelung. Dabei fällt mir auf, wie gut das Interieur, Ton in Ton in Stoff Grau 078, noch erhalten ist. »Jetzt starten, bitte!«, tönt es von vorne. Ich drehe den Schlüssel, der Anlasser orgelt gequält, ich starte von Neuem, wieder Georgel, aber es spielen hoffnungsvolle Zündungen mit. Endlich erwacht der M102 ruckelnd zum Leben, Rundlauf ist anders.

Wir sehen, dass am dicken Pluspolkabel der Batterie gebastelt wurde – es sieht nach der Überbrückung für eine Pseudo-Wegfahrsperre aus –, stellen fest, dass die Zündkabel ziemlich Mardermarode sind. Sicher ist im Zündverteiler auch Kondenswasser aus dem Feuchtbiotop Trauerweide. Auch deshalb verläuft die Probefahrt stadtauswärts Richtung Tettnang nicht sehr harmonisch. Der Vierzylinder zieht nicht recht, sein Leerlauf funktioniert nur über das Gaspedal; er bringt es nur auf 110 km/h im Fünften, über 2500/min ist der sonst so drehfreudige M102 wie zugeschnürt. Betriebswarm und nach dem Tanken von 30 Litern Aral Ultimate wird es nicht besser, wie von mir sehnsüchtig erhofft. Die Stimme der Vernunft meldet sich: Sie fragt: »Brauchst du dieses Auto wirklich, den siebten W 124 im Zustand vier?« Und sie zählt gnadenlos alle sechs auf: 200 Automatik, Silberdistel; 200 E, Rauchsilber; 250 D Automatik, Nautikblau; 250 D, Arcticweiß; 260 E Automatik, Silberdistel; 230 CE, Bornit. Aber sie kann sich nicht durchsetzen. Getriebe, Kupplung, Differenzial und Fahrwerk überzeugen, und mit dem bisschen Geruckel werde ich auf den 130 Kilometern bis nach Hause locker fertig.

Bevor 1000 Euro und der Kfz-Brief den Be-sitzer wechseln, setze ich mich noch einmal still hinter das geliebte Airbag-Lenkrad und studiere die Bordmappe mit der Fahrzeugdatenkarte. Tatsächlich, 17 Sonderausstattungs-Codes sind vermerkt. Spät am Abend werde ich bei einem Bier in launiger Stimmung ausrechnen, dass sich dank ihres Zutuns der Preis des Wagens im Februar 1987 von 38.102 Mark in der Liste auf 53.557 Mark erhöhte. Heute bekomme ich das 230-E-Paket für 999 Euro, das sind in meiner Alternativ-Währung gerechnet: 7,57 Euro pro PS oder 9,7 Cent pro Kilogramm. Aus dem Handschuhfach fällt mir neben einem Eiskratzer und einem leeren Pastillendöschen noch ein buntes Schulheft in die Hände. Auf dem Titel das Foto eines Hamsters, im Namensfeld steht in feiner Schrift »Sandra's W124« samt

Alfs To Do Liste

- Beide hinteren Wagenheberaufnahmen schweißen. Unterfahrschutz über Vorderachse anbringen, Kunststoffschalen innen an den hinteren Radhäusern befestigen.
- Karosserie-Dichtmasse am rechten Scheibenrahmen entfernen. Frontscheibe abdichten. Gebrauchten Stoßfänger vorn besorgen und anbringen. 230-E-Schriftzug nachrüsten. Funkantennen-Sockel beseitigen. Kennzeichenhalter mit Schriftzug »Autohaus Moll, Mercedes-Benz« montieren, da wurde der 230 E ausgeliefert.
- Improvisierte Wegfahrsperre entfernen, Zündkabel und Verteiler erneuern, intakten Ölmessstab besorgen, letzter Öl-Service bei 378.674 Kilometer, nun 386.302 Kilometer, hat also noch Zeit.
- Pioneer DEHP90-DAB gegen originales Becker Avus Cassette Electronic Kurier aus-wechseln. Wagen zur Hauptuntersuchung vorführen, eventuelle Mängel beheben, Schonbezüge der Vordersitze abziehen.

Fahrgestell-Nummer des 230 E; das allein ist schon rührend. Aufgeschlagen dokumentiert das linierte DIN-A-5-Heft akribisch die umfangreichen Wartungen und Reparaturen, die der 230 E in Sandras Händen genoss. Ab 230.628 Kilometer parallel als Ergänzung zum offiziellen Wartungsheft, ab 300.000 als Fortsetzung des nun vollen. Allein diese liebevollen Aufzeichnungen wären ein Grund, Sandra bald mit ihrem »Mondmobil« zu besuchen.

Zweite Chance im Donautal

Die Heimfahrt verläuft, wie erwartet, wenig erfreulich. Beängstigend ist der Leistungsabfall an jeder Autobahnsteigung, mehr als 80 km/h, und das auch noch im Dritten, sind nicht drin. Es zählt nur ankommen, ohne liegen zu bleiben. Rücklings im Spiegel ist gottlob keine Rauchfahne zu sehen. Einen erhöhten Ölverbrauch werde ich zu Hause auch nicht feststellen. Nicht auszudenken, wenn mangelnde Kompression wegen der hohen Laufleistung die Ursache für das schlechte Drehvermögen gewesen wäre und nicht etwa das defekte Zündgeschirr samt ein paar Kupferwürmern.

Ich habe mir zum Ziel gesetzt, das Versäumte nachzuholen und mit meinem ungewöhnlichen 124er-Mercedes bald wieder über meine Hausstrecke Oberes Donautal nach Friedrichshafen zu fahren. Code 109 von mir ins frisch nachgerüstete Becker Avus Cassette eingegeben, und schon bin ich unterwegs. Es läuft wunderbar auf fast neuwertigen Gullydeckel-Alurädern Richtung Süden. Als ich in der Zeppelin- und ZF-Stadt am Bodensee ankomme, bin ich glücklich. Die Trauerweide ist über den Berg, sie steht in zartem Grün.

Jungfernfahrt auf der L 277 an der Hausstrecke Oberes Donautal. Jetzt läuft der 230 E bestens.

Worauf Sie beim Mercedes-Benz W 124 unbedingt achten müssen

Rost ist ein Problem Die 124er werden sehr alt, rosten aber ab Baujahr 1993 intensiv. Bitte unbedingt Vorderachsträger bei abgenommenem Unterfahrschutz und die vier Hinterachsaufnahmen prüfen.

Steuerketten reißen Dieser Mangel am M102 (200/E, 230 E) wurde ab 8/1987 durch eine Duplexkette beseitigt. Sechszylinder leiden an defekten Zylinderkopfdichtungen, Diesel sind robust.

Elektrik mit Mängeln Ab 1992 kamen zwei fatale W-124-Probleme auf. Der Rost fördernde Wasserbasislack und der bröselige Motorkabelbaum, der Elektrik, Elektronik und die Steuergeräte killt.

Polster verschleißen Das Interieur vor 1989 ist weniger alterungsbeständig. Durchgescheuerte Sitzwangen, gerissenes, verblichenes Holzfurnier und poröse Schalthebelmanschetten sind üblich.

Nicht alles ist original Die teuren Becker-Kassettenradios mussten oft CD-Spielern weichen. Artfremde Alu- und Lenkräder, Reflektorblenden, weiße Blinker und dicke Endrohre sind nicht selten.

D
S 064198
60

Cossie for Arme

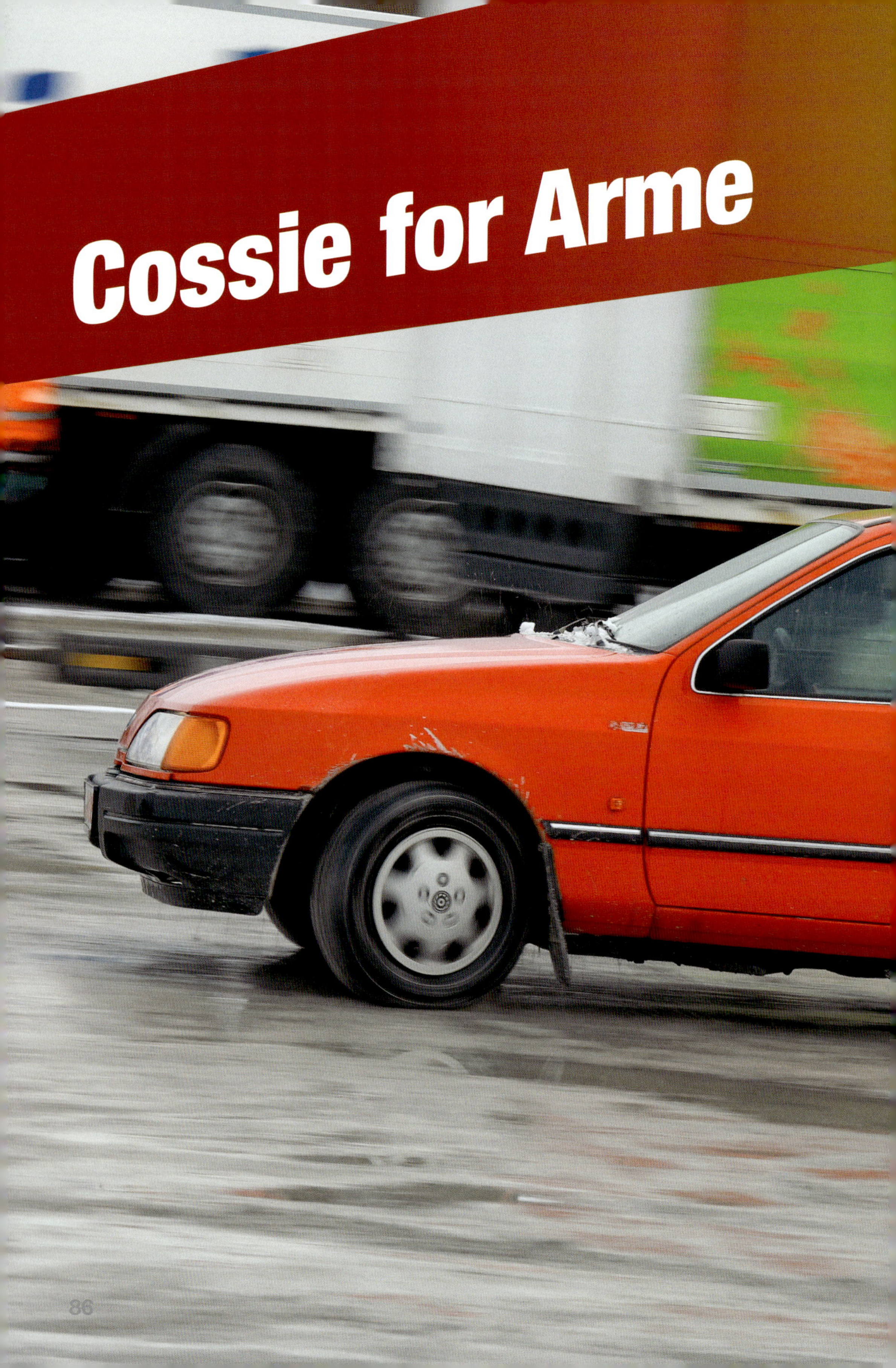

Sportiver Doppelnockenwellenmotor, schlichtes Stufenheck, 120 PS für 500 Euro. Ich habe meinen Roten Cossie getauft, weil er mich an den Sierra Cosworth erinnert.

Es ist keine Liebe auf den ersten Blick. Ich finde einen Ford Sierra zwar ganz nett, weil er Hinterradantrieb hat und die bürgerliche Mittelklasse verkörpert. Aber er ist keine Schönheit, für die ich leidenschaftlich brenne. Kein Kühlergrill, weiche Formen, qualitativ dünnwandig, aber brav und gutmütig. Eine Vernunftbeziehung kann es auch nicht werden, denn ich brauche im Grunde kein weiteres Auto, könnte ich doch an jedem Wochentag einen anderen Youngtimer fahren.

Es ist etwas anderes, was mich packt, die Abenteuerlust nach den vielen sedierenden Feiertagen um die Jahreswende. Das Verlangen, rauszuwollen, auch bei Wind und Wetter, bei Eis und Schnee, es lässt sich nicht niederringen. Wieder einmal flüchte ich mich in meinen Mercedes 300 E, den treuen rauchsilbernen, und klappere die Kiesplätze ab, bin auf meinem Dirty Trail längs von A 8 und A 9 zwischen Augsburg, Ingolstadt und München. Andere fahren ins Spielkasino, ich ziehe mir 500 Euro, Einsatz und absolutes Limit für den unvernünftigen Kauf.

Ein Lastenheft für mein kommendes Auto gibt es nicht. Nur ein paar vage Vorstellungen: Baujahr bis 1995, Leistung ab 75 PS, kein Kleinwagen, das Auto komplett und nicht unfallbeschädigt, fahrbereit und unbedingt mit Winterreifen ausgerüstet. Es muss jede Polizeikontrolle bestehen, schon ein dröhnender Auspuff wäre mir zu viel. Ein guter Ford Sierra könnte diese An-forderungen glatt erfüllen, cosmosblau-metallic sollte er sein, er ginge nur als Stufenheck-Limousine, und er müsste unbedingt diesen tollen DOHC-Motor mit 120 PS unter der Haube haben.

Die erste eingefrorene Kiesplatz-kolonie fördert in meinem Preissegment Citroën AX, Peugeot 106, Skoda Favorit und Seat Toledo zutage, bunt schimmern sie gegen die weißen Schneehauben an, die sie größtenteils bedecken. Die zweite »Auto-Welt«, ein überzuckertes Containerdorf mit Messeparkplatz und grell leuchtenden »Import«-/»Export«-Schildern, hat immerhin zwei potenzielle Kandidaten für mich, den dürstenden Verbraucht-wagen-Junkie, der als ewig Suchender nicht müde wird, mobiles Altmetall zu Lieb-

Der DOHC-Motor ist eine Perle und das Hauptargument für den Sierra-Kauf. Satte 120 PS und ein Drehzahllimit von 6900/min traut diesem Spießerauto kaum jemand zu.

Der Kühlwasserstand tendiert nach anderthalb Jahren Stand gegen Minimum. Das Nachgießen von purem Frostschutz kann nicht schaden. Nebenan wird der Kaltlaufregler sichtbar, der Zweiliter schafft so Euro 2.

Der letzte dokumentierte Ölwechsel geschah bei Kilometerstand 149.748. Doch Öl ist reichlich da und die Farbe okay. Da muss ich mir um das Wohlbefinden des Doppelnockers keine Sorgen machen.

8 Ventile

Der Ford-Vierzylinder mit dem Code N9 geriet für die Wagenklasse sehr aufwendig. Statt des üblichen Zahnriemens verfügt er über eine Steuerkette, die acht Ventile werden über Hydrostößel direkt betätigt. Das Einstellen des Ventilspiels entfällt.

Falls der Sierra nicht problemlos fährt, wäre der Audi 80 Trend Edition für 499 Euro gleich nebenan die rettende Alternative. Auch er hätte ein gutes Heim verdient.

haberautos hochzustilisieren, und dabei ehrlich ist, weil er selbst daran glaubt. Ein sterlingsilberner BMW 318i Automatik der Baureihe E36 für sage und schreibe 375 Euro hat es mir sehr schnell, sehr intensiv angetan.

Ich bin auf dieser Wintertour mit Eiskratzer und Handfeger ausgerüstet, um die Preisschilder hinter den Windschutzscheiben entziffern zu können. Beim BMW sehe ich dahinter noch appetitliche Velourspolster und ein lederbezogenes Lenkrad, originale Aluräder runden den guten ersten Eindruck ab. Leider ist der Container nicht besetzt, frustriert mache ich ein paar Smartphone-Fotos von der glänzenden Schneehaube, die mein Verlangen weckte. Arbeite mich durch ein paar Autoreihen anonymen Blechs weiter vor zum nächsten attraktiven Dreier, der den Unerreichbaren schnell vergessen lässt. Es ist ein 97er 316i Compact, natürlich E36, in sehr verführerischem Alaskablau-Metallic, sein Zustand zwischen zwei Schnee-wehen, die an seinen Flanken kleben, scheint gut und original, ein paar Rostbla-

Daten & Fakten
Ford Sierra 2.0i GL, Baujahr 1989

Motor Typ DOHC-N9, wassergekühlter Vierzylinder-Reihenmotor, vorn längs, Bohrung x Hub 86 x 86 mm, Hubraum 1998 cm³, Leistung 120 PS bei 5500/min, max. Drehmoment 171 Nm bei 2500/min, Verdichtung 10,3 : 1, zwei Ventile pro Brennraum, betätigt über zwei kettengetriebene obenliegende Nockenwellen und Tassenstößel, hydraulischer Ventilspielausgleich, Motorblock aus Grauguss, Zylinderkopf aus Leichtmetall, fünf Kurbelwellenlager, elektronische Benzin-einspritzung Ford EFI, kennfeldgesteuerte Elektronikzündung, geregelter Katalysator, Ölinhalt Motor 4,5 l

Kraftübertragung Fünfganggetriebe MT 75, a. W. Ford-Viergangautomatik A4LDE, Hinterradantrieb

Karosserie und Fahrwerk Selbsttragende Stahlblechkarosserie, vorn McPherson-Federbeine und untere Querlenker, Stabilisator, hinten Schräglenkerachse, Schraubenfedern, Stabilisator, Servo-Zahnstangenlenkung, vorn Scheiben-, hinten Trommelbremsen, a. W. ABS, Räder 5,5 J x 13 o. 5,5 J x 14, Reifen 185/70 R 13 o. 185/65 R 14

Maße und Gewicht Radstand 2608 mm, L x B x H 4465 x 1698 x 1398 mm, Spur 1452/1468 mm, Gewicht 1180 kg, Tank 60 Liter

Fahrleistungen und Verbrauch Vmax 190 km/h, Beschl. 0 bis100 km/h in 10 s, Verbr. 9,5 l/100 km

Bauzeit und Stückzahl Sierra 1982 bis 1993: 1.836.678 Exemplare

sen am rechten Kotflügel sind genauso wenig ein Hinderungsgrund wie die »252.000 km« auf dem handgeschriebenen Preisschild, das mit einer großen, doppelt unterstrichenen »250« im Euro-Feld unten rechts endet.

Eine Zahl, die mich nachhaltig elektrisiert und mir schlagartig meinen alpinweißen BMW 316i E36 in Erinnerung ruft, auch ein unvernünftiger Kauf, der zu Hause in der Tiefgarage schon lange auf mich wartet. Außerdem ist so ein Dreier Compact ein Frauenauto. Kenner sehen in ihm die Fortsetzung des hochverehrten Dreier E30, dessen Fahrwerk und Cockpit er auftragen durfte.

Alfs To Do Liste

- Lack aufpolieren, Anhängerkupplung ausbauen, original Ford-Aluräder montieren, Stoßfänger-Zierleisten erneuern
- Motorwäsche, Ölwechsel bei Motor, Getriebe, und Differenzial, Bremsflüssigkeitswechsel
- Schmutzfänger an allen Kotflügeln entfernen, brüchige Plastik-Innenkotflügel erneuern
- Rost am unteren Ende der hinteren Radläufe beseitigen, Reparaturblech am Außenschweller hinten rechts einschweißen, bei TÜV vorführen
- Fahrertürverkleidung reinigen, Schalthebelmanschette tauschen, neue Fußmatte links vorn
- Lackstift und -spray in Spanischrot XSC 2251
- Scheinwerfer vorne links abdichten, Hardyscheibe der Kardanwelle erneuern

Roter Sierra im Schnee
Hasenheide heißt ein Industriegebiet in der Nähe des Militärflugplatzes Fürstenfeldbruck. Auch hier

Wir brauchen eine andere Batterie, die alte ist tiefgefrostet und tiefentladen. Händler Sadettin Yalcin legt Hand an, um die versteckte Halteklammer zu lösen. Für die Probefahrt nennt er kein Zeitlimit: »Fahrt, solange ihr wollt«.

Das Sierra-Cockpit zeigt sich kantig, aber etwas wirr in der Anordnung der Bedienungselemente. Innen wirkt der Wagen sauber und einladend.

siedelt inmitten von Kleingewerbe eine Kiesplatz-Enklave türkischer Händler, die sich bei meinen investigativen Gebrauchtwagenbegehungen bislang stets unterhaltsam und voller spannender Überraschungen zeigte. Auch heute hält sie wieder, was sie verspricht. Der frisch gefallene Schnee versteckt einen knallroten Ford Sierra fast bis zur Unkenntlichkeit, es reicht aber nicht ganz, ich erkenne ihn trotzdem auf Anhieb und identifiziere ihn vorerst als potenzielles Wunschobjekt, weil es die Stufenheck-Limousine ist. Mein Jagdinstinkt ist geweckt, ich fühle mich unbeobachtet. Voller Eifer lege ich mit dem Handfeger den leicht abgenutzten Heckschriftzug frei: »Sierra 2.0i GL« prangt dort, was zweideutig ist, denn der spanischrote Wagen kann sowohl den 100-PS-OHC-Motor als auch das weit hochkarätigere Doppelnockenwellen-Triebwerk mit 120 PS unter der tief heruntergezogenen Haube haben.

Das Rot ist ziemlich ausgekreidet, nur wenn der nasse Schnee drüberwischt, glänzt es. Leider gibt es hinter der Frontscheibe kein Preisschild, doch über einer japanisch anmuten-den Hütte dampft es, ich sehe den Schein einer Schreibtischlampe. Eine Spur zu entschlossen öffne ich die Schiebetür. Den Händler bringt es nicht aus der Ruhe. »Der rote Sierra da drüben, wie teuer ist der?«, frage ich in unbeholfenem Stakkato und füge noch an: »Welchen Motor hat der? 74 kW oder 88 kW?« Seelenruhig blättert sich der Händler, er heißt Sadettin Yalcin, wie ich später beim Unterschreiben des Kaufvertrags er-fahre, vor-

und rückwärts durch seinen Fahrzeugbrief-Ordner und murmelt unter dem Rauch seiner Zigarette: »Fünfhundertfünfzig Euro kostet er mit H-Kennzeichen im September.« Kaum zu glauben: Dieser Sierra wird bald 30 Jahre alt sein, aber es war doch erst vorgestern, als mein Onkel Johannes seine silberne 75-PS-Stufe beim Ford-Händler Walter Coenen in Mönchengladbach in Empfang nahm. Yalcin schiebt mir den Brief wort-los rüber, Leistung 88 kW – also 120 PS – steht da, Höchstgeschwindigkeit 190 km/h. Ein kleiner Cossie, denke ich mir, sportlicher Doppelnockenwellenmotor, schlichtes Stufenheck, also die pure Koketterie mit dem Unscheinbaren. Wenn nur dieses knallige Spanischrot nicht wäre, an das ich mich erst gewöhnen muss. Aber immerhin passt es gut zu den grün getönten Scheiben des GL-Modells. Yalcin wittert meine trunkene Begierde nach dem H-Kennzeichen-reifen Schnäppchen. Gemeinsam und mit großem Eifer ziehen wir das volle Bergungs- und Wiederbelebungsprogramm der bislang verschmähten roten Standuhr durch. Es braucht eben ein Trüffel-schwein wie mich, um eine solche Per-le im Kies zu finden. Übermütig fege ich den Sierra, Pardon, meinen Cossie, im Rekordtempo frei mit buntem Besen, der Fotograf besorgt unterdessen Benzin und eine neue Batterie, Tank und Akkumulator sind so was von leer, dass der muntere Motor keine Chance hat, freudig zu erwachen.

Am Ende tut er das, und die Formalitäten mit der Parole »Fünfhundert glatt« sind in Yalcins Holzhütte in Windeseile nach einer ausgiebigen Probefahrt erledigt. Ich moniere neben einer be-

Vor der 130 Kilometer langen Heimfahrt in meinem spanischroten Sierra erst einmal was Leckeres essen. Das ist im Budget dank des günstigen Kaufpreises noch locker drin.

ginnenden Durchrostung am hinteren Schwellerende, die mir beim Reifenaufpumpen auffiel, lediglich ein wummerndes Geräusch samt Unwucht aus dem Antrieb zwischen 2500 und 3000/min, vielleicht ist es eine versprödete Hardyscheibe im Kardangelenk, es klingt nicht bedrohlich.

Der auch optisch sehr attraktive Motor läuft trotz seiner 187.000 Kilometer wie von mir erwartet. Sattes Drehmoment und eine ausgeprägte Dreh-freude zeichnen ihn aus. Es gibt keine Auffälligkeiten hinsichtlich Geräusch und Temperatur. Zusammen mit dem butterweich zu schaltenden und in Ford-Kreisen legendären MT-75-Fünfganggetriebe, dessen Rückwärtsgang sogar synchronisiert ist, bildet er eine harmonische Antriebseinheit, die Freude macht.

Wer glaubt, der Sierra sei eine reizlose Großserienschüssel, wird hinter dem Lenkrad eines Besseren belehrt. Denn auch das Fahrwerk mit vorderer McPherson- und hinterer Schräglenkerachse ist konstruktiv auf dem Niveau eines BMW Dreier der E30-Serie. Es kann vieles, handlich lenken, komfortabel federn und mit weitgehend neutralem Eigenlenkverhalten hohe Kurvengeschwindigkeiten parieren. Welche Reserven im Sierra stecken, beweist der Cosworth 4x4 mit 220 PS, ein wahrhaftiger Wolf im Schafspelz mit vehementen M3-Fahrleistungen und spießiger Stufenheck-Karosserie.

Aluräder wirken Wunder

Doch mein Cossie wird heute beileibe nicht gefordert, wir machen es uns im mittleren Drehzahlbereich auf der Landstraße gemütlich. Auch das Interieur lädt dazu ein, es ist sehr gepflegt und dank der GL-Ausstattung auch behaglich, der obligatorische Wunderbaum, diesmal von der Sorte »Grüner Apfel«, dient nur als kleiner, leuchtend-grüner Farbtupfer sonst eher im hellgrauen Sierra-Ambiente.

Während ich so lenk und denk an mein bescheidenes, kleines Sierra-Glück, da möchte ich ihm doch mehr Konturenschärfe in Richtung Cossie geben. Ich denke an 14-Zoll-Ford-Aluräder statt dieser müden Stahlfelgen, vielleicht sogar welche

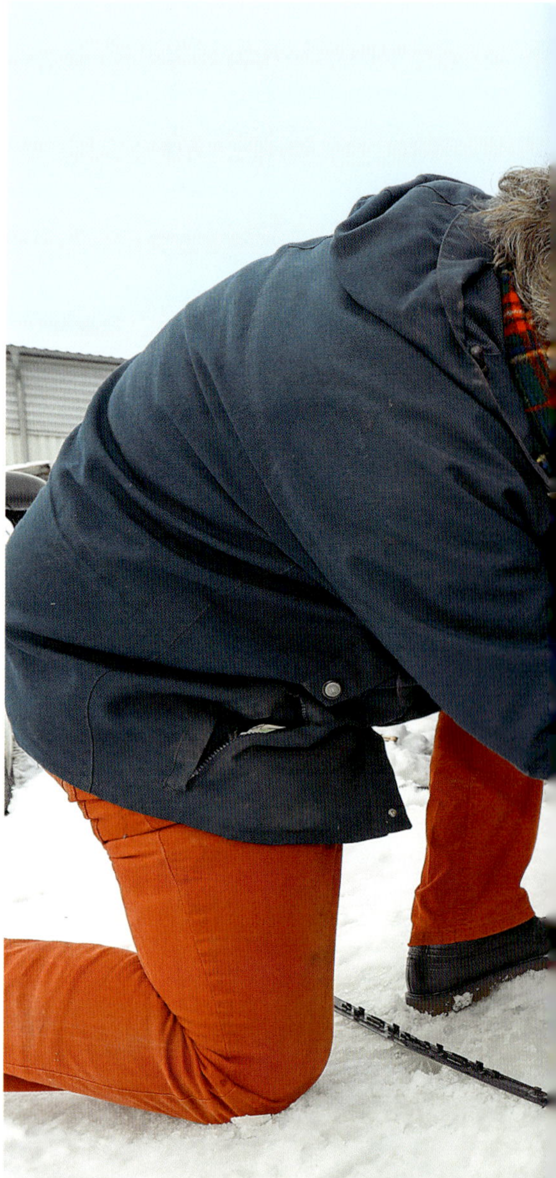

Nach anfänglichem Klappern der Hydrostößel läuft der Doppelnockenwellenmotor leise und schön rund. Startprobleme gab es wegen Benzinmangels, V-Power aus dem Kanister half. Jetzt bin ich gespannt auf den Fahreindruck.

im RS-Design. Ich werde ihm diese albernen Opa-Spritzlappen bei nächster Gelegenheit entreißen. Und ich halte es sogar für möglich, dass ich ihm die Ghia-Embleme auf den Kotflügeln verleihe, einfach so, weil ich ihn mag.

Worauf Sie beim Ford Sierra achten müssen:

Überraschend solide auch im hohen Alter Rost an tragenden Teilen ist beim Ford Sierra natürlich auch ein Thema, aber dank guter Vorsorge gibt es nur wenige Problemzonen. Die wichtigsten sind die Innen- und Außenschweller in Höhe der Aufnahmen für die Schräglenkerachse. Anfällig sind auch die Federbeindome, die Türunterkanten und die hinteren Radläufe.

Ölundichtigkeiten an Motor und Antrieb sind ein typisches Ford-Manko, was an der Langlebigkeit nichts ändert, aber ein Umwelt- und TÜV-Problem ist. Weil Ford-Motoren als unzerstörbar gelten, wurde die Wartung oft vernachlässigt, Ölschlammbildung ist die häufige Folge.

Der DOHC-Motor gilt als kerngesundes Triebwerk, doch vorsorglich sollte man bei 200.000 Kilometern die Steuerkette wechseln, bevor sie sich längt. Die Zylinderkopfdichtung hält nicht ewig, es lohnt sich, die Temperatur zu beobachten und den Kühlwasserstand häufig zu prüfen.

Goldener Schnitt

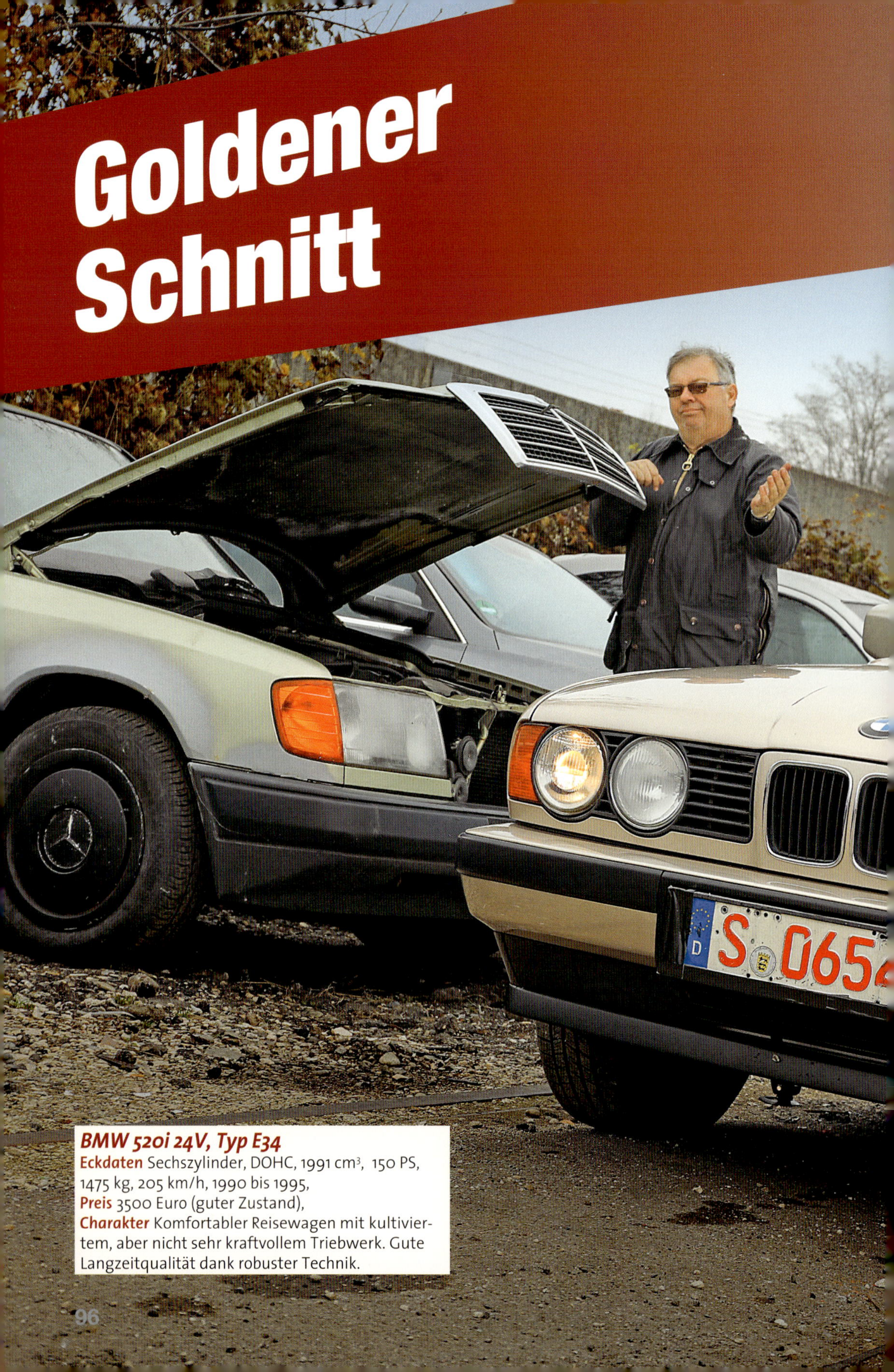

BMW 520i 24V, Typ E34

Eckdaten Sechszylinder, DOHC, 1991 cm^3, 150 PS, 1475 kg, 205 km/h, 1990 bis 1995,
Preis 3500 Euro (guter Zustand),
Charakter Komfortabler Reisewagen mit kultiviertem, aber nicht sehr kraftvollem Triebwerk. Gute Langzeitqualität dank robuster Technik.

Ein BMW 730i V8 ging mir leider durch die Lappen. Also heißt es: umdisponieren. In mein knappes 700-Euro-Budget passen ein abgerockter 230 E oder ein passabler 520i. Am Ende macht der BMW das Rennen – entpuppt er sich als Goldstück?

Nebelscheinwerfer braucht er, unbedingt! Ohne sie wirkt die markante Frontpartie nicht halb so autoritär. Der böse BMW-Doppelscheinwerfer-Blick läuft unterhalb des Stoßfängers einfach ins Leere. Nachrüsten ist kein Problem, gebrauchte gibt es bei der Autoverwertung meines Vertrauens oder bei Ebay, der Kabelbaum ist dafür bereits vorgesehen.

Und edle Kreuzspeichen-Alus muss ich unbedingt nachrüsten. Ich wäre ja schon froh, wenn ich für meinen soeben erworbenen BMW 520i wenigstens Radkappen bekäme, noch heute! Ohne die sieht der Wagen voll trashig aus, total abgerockt. »Libanon-Look« habe ich das mal getauft, denn in Beirut tragen alte Mercedes, BMW oder Nissan nie Radkappen. Man sieht es in den Nachrichten.

Cooler Look in Mattschwarz?

Von einem Augsburger Autohändler habe ich den Wagen vor einer halben Stunde für 690 Euro gekauft. Nihat Kargin sah die Sache pragmatisch: »Die sind bestimmt geklaut worden. Sieht doch so viel cooler aus. Und diese Opa-Goldfarbe musst du mattschwarz rollen, Scheiben hinten abkleben, und dann gucken die Leute.« Nein, so will ich sie bestimmt nicht, meine BMW-Limousine mit den unerhört harmonischen Proportionen, frei nach dem Goldenen Schnitt.

Aber es sieht so aus, als drohte seinem Kiesplatznachbarn, ein 230 E in Silberdistel, genau dieses Schicksal. Grundierung befleckt seine rostigen Flanken, und die Radkappen sind schon eingeschwärzt. Am liebsten hätte ich ihn gleich mitgenommen. Aber er springt schlecht an und läuft nicht rund. Deshalb wohl der Spottpreis von 700 Euro. Es ist wieder diese Malaise mit dem Zündgeschirr bei den Mercedes-Motoren M 102 und M 103. Meinen BMW steuere ich nach 60 Litern Shell V-Power schon über den B-17-Zubringer auf die A 8, Kurs Nordwest in Richtung Heimat. Die Automatik schaltet weich, der Motor säuselt. Noch habe ich die Temperaturanzeige manisch im Blick, frühe M50-Motoren ohne Vanos waren thermisch durch minderwertige Wasserpumpen sehr gefährdet.

Der frisch gekaufte BMW 520i Baujahr 1992 in der besonderen Farbe Kaschmirbeige Metallic mit immerhin 273 456 Kilometern auf dem leicht verpixelten LCD-Display benimmt sich im Vergleich zum 230 E bestens: Start und Warmlaufphase verliefen tadellos, beim Beschleunigen gefällt der optisch imposante Doppelnockenwellen-Sechszylinder mit vorzüglicher Gasannahme. Nun schnürt er bei konstantem Tempo 130 und 3200/min in der fünften Fahrstufe leise vor sich hin. Die Nadel des Fernthermometers ist in der Mitte festgenagelt.

Der kettengetriebene Vierventiler ist mit seinem kleinen Zylindervolumen leider kein Ausbund

L-förmige Heckleuchten und der Anstieg der Seitenlinie sind für den wohlproportionierten Fünfer E34 typisch.

Oben: Die Hydrostößel klappern nur kurz. Leiser M50-Sechszylinder mit intakter Kopfdichtung. Ölwechsel: 2013. Rechts: Ohne Wunderbaum und Maskottchen geht nichts. Fünfgangautomatik von ZF.

Volltreffer bei Reifendienst Jabr für kleines Geld. Im Frühjahr frage ich nach Kreuzspeichen-Alus.

an Durchzugskraft, was der Wandler beim Anfahren geschickt kaschiert. Aber ich verzichte auf meiner Jungfernfahrt bewusst auf Kick-down, Sportprogramm »S« und aufs Fahren mit gesperrten Fahrstufen vier und fünf. Bei der Proberunde am Augsburger Stadtrand habe ich es ausprobiert, es funktioniert, und damit ist gut. Ein Dreivierteljahr Standzeit hat der auch optisch noch recht attraktive Wagen aus vierter Hand hinter sich. Händler Kargin wollte ursprünglich 1390 Euro für ihn, dann 990 und schließlich ultimative, nicht verhandelbare 690. Es wollte ihn keiner.

»Automatik und Goldfarbe mochten meine Exportkunden nicht, die sowieso meist Fünfer-Diesel kaufen, und deutsche Fans wie du wollen keinen 520, die sagen immer, Luftpumpe«, klagt Kargin sein Leid. War die »Luftpumpe« nicht der Vorgänger-Zahnriemenmotor mit 129 PS? Für mich sind Farbe und Automatik keineswegs ein Handicap, im Gegenteil, ich will es genau so, und das elektrische Schiebedach weiß ich auch zu schätzen. Noch ein halbes Jahr TÜV ist auch nicht zu verachten. Während ich so entspannt vor mich hinfahre, trällert Christopher Cross sehr melodisch auf einer vergessenen Musikkassette im originalen Bavaria-C-III-Radio.

»Another Page« heißt das Album des Troubadours aus den frühen 80ern, und es unterstreicht

Alfs To Do Liste

- Karosserieseitig gilt es, die Türkanten unter den Kunststofflippen zu entrosten, zu grundieren und mit Kaschmirbeige Metallic 301 zu lackieren. Partielle Roststellen, die dringend zu behandeln sind, finden sich auch an den Radläufen und um die Pralldämpfer des hinteren Stoßfängers.
- Die Radkappen vom Bremsstaub reinigen, der Lack bedarf behutsamer Politur. Gebrauchte Nebelscheinwerfer mit Schalter sind nachzurüsten, ein intakter Beifahrersitz in Stoff beige oder natur soll den kaputten Bezug des Fahrersitzes ersetzen.
- Ein Ölwechsel für Motor und Antrieb ist nötig, die Ventildeckeldichtung muss neu.
- Ein gebrauchtes Kilometerzähler-Display ist fällig, denn das originale verschwimmt bei Betriebstemperatur. Visco-Lüfter prüfen!

Ein gutes Dreivierteljahr Standzeit ließ den BMW in den Fugen Moos ansetzen. Viel Schaum hilft viel!

den Chill-Effekt des Fünfer-Fahrens. Unterwegs entwerfe ich schon in Gedanken meine Mängelliste: An erster Stelle stehen die fehlenden Radkappen, weil der Wagen so einfach kriminell fies wirkt. Die Nebelleuchten sind für mein ästhetisches Wohlbefinden auch ziemlich dringend, und an den rostigen Türunterkanten muss bald etwas gemacht werden. Das aufgeriffelte Fahrer-Sitzkissen nervt mich vor allem angesichts des unschönen Kontrastes zum sonst so hübsch erhaltenen Innenraum, dessen Polster und Teppiche lediglich frisch aufgeschäumt gehören. Einen guten Fahrersitz wird es gebraucht nicht geben, weil das Fädenziehen eine typische BMW-Krankheit ist.

Auf den fünften Posten platziere ich die müden Gasdruckheber der Kofferraumklappe, Nummer sechs betrifft die Blinkerrückstellung, die offenbar defekt ist. Das nervt anfangs, aber dann gewöhnt man sich schon recht bald daran, es selbst zu tun. Schön finde ich, dass zu meinem BMW ein Komplettset Originalschlüssel gehört und dass die kunstlederne schwarze Bordmappe mit Betriebsanleitung, Wartungsheft, Radiocode und allem Pipapo im Handschuhfach liegt. Sogar die kleine BMW-Akku-Taschenlampe ist noch da.

Dem 730i weine ich nicht nach

Zurück in heimischen Gefilden, möchte ich mich mit meinem neuen Spielzeug mächtig austoben, Hochdruckwaschen mit reichlich Schaumschlagen ist angesagt, damit die Schmutzschlieren und Mooskulturen endlich aus allen Ritzen der Karosserie verschwinden. Inzwischen ersetzt mein 520i den entgangenen diamantschwarzen 730i der Baureihe E32 zumindest für den Tag meines goldenen Glücks. Er sieht ja fast genauso aus, und wer weiß, ob der Große so gut laufen würde.

Außerdem wirkt Schwarz bei der donau-genährten Neu-Ulmer Hochnebel-Tristesse echt deprimierend, während Kaschmirbeige in der Lage ist, selbst zarte Sonnenstrahlen durch eine spät aufreißende Wolkendecke warm zu reflektieren. Auf Waschen folgt Staubsaugen des Fahrgastraums, bei der Gelegenheit befestige ich die Veloursfußmatten gleich ordnungs-gemäß mit den herumliegenden Plastikclips. Im Motorraum werden noch einmal Wasser- und Ölstand kontrolliert, alles bestens, dabei fällt mit ein fleckiger Ölwechselzettel vom 16. August 2013 bei Kilometerstand 239.212 in die Hände. Kein Drama, aber da sollten bald knappe sechs Liter frisches 10W-40 reinfließen.

Während ich meditatives Handauflegen an der Ansaugbrücke als ein inniges Zeichen von Jetzt-bist-du-mein praktiziere, schießt mir plötzlich die Therapie für mein Radkappentrauma durch den Kopf: Da gibt es doch in der Lessingstraße in einer alten Fabrik den Reifenhändler Jabr, der müsste sie haben, genau die aus dem Baujahr meines BMW im Turbolook der M5-Alus.

Ein Satz für einen Zehner

Milan Jabr begrüßt mich wie einen alten Freund, obwohl ich vor Jahren das letzte Mal da war. Draußen steht eine ganze Palette voll mit origina-

Worauf Sie beim BMW Fünfer achten müssen: Sehr solide Autos, aber nicht rostfrei

Rost an den Schwellern und Wagenheberaufnahmen ist trotz feuerverzinkter Bleche typisches Fünfer-Manko. Rost nistet sich immer an den Türunterkanten und oft an den Pralldämpfern des Heckstoßfängers so-wie um die Tankklappe ein. Die Gasdruck-halter der Hauben ermüden nach 20 Jahren. Pixelfehler im Kombi-Instrument sind so typisch wie die lauten Scharniere der Fond-türen. Bei den robusten M50-Motoren, die höchstens mal unter einer defekten Zylinderkopfdichtung leiden, löst sich die verborge-ne Ventildeckeldichtung auf und lässt Öl in die Kerzenlöcher tropfen, unrunder Leerlauf durch Falschluft kann die Folge sein.

Die elegante Fünfer-Linie stammt von Ercole Spada. »Natur« heißt die beige Teddybärfarbe des Interieurs, die so schön mit der goldenen Außenhaut harmoniert.

len Plastikradkappen. Mit sicherem Blick ziehe ich die vier Turbos raus: »Gib mir einen Zehner«, sagt Milan, »oder lade mich zu McDonald's ein, es ist grad Mittag.» Ich zücke zehn Euro und verspreche, dass ich im Frühling wiederkomme mit einem Bic Mac und wegen originaler Alus. Atemlos renne ich mit meiner Beute zum Auto, fahre in eine stille Seitenstraße und tackere die Dinger drauf, Schluss mit dem Libanon-Look.

Meinen Seelenfrieden habe ich jetzt gefunden. Aluräder liegen vielleicht noch in meiner Garage, ganz unten im Beifang von knapp 30 unvernünftigen Käufen. Rein ins saubere, gut angezogene Auto und stille, verträumte Landstraßen nach Weißenhorn unter die Winter-reifen nehmen. Ein paar Stunden sind es noch bis zur Dämmerung, die Sonne scheint nun ungefiltert. Ich erfreue mich an dem Wagen, obwohl ich noch zwei Fünfer E34 besitze, einen silbernen 524td und einen lachssilbernen 520i mit 129-PS-Motor. Keiner ist gerade so schön wie der soeben gekaufte, denn Glück ist oft der gegenwärtige Augenblick. Es könnte sein, dass ich den Goldenen nicht mehr hergebe.

Daten & Fakten

BMW 520i 24V, Baujahr 7/1992

Motor Typ BMW M50, wassergekühlter Sechszylinder-Reihenmotor, vorn längs, Bohrung x Hub 80 x 66 mm, Hubraum 1991 cm^3, Leistung 150 PS bei 5900/min, max. Drehm. 190 Nm bei 4300/min, Verdichtg. 11 : 1, vier Ventile pro Brennraum, betätigt über zwei obenliegende kettengetr. Nockenwellen und Hydro-Tassenstößel, die Auslassnockenwellen treiben die Einlassnockenwellen über je eine Sekundärkette an, Zylinderkopf aus Leichtmetall, Block aus Grauguss, sieben Kurbelwellenlager, elektron. Einspritzung und Zündung Bosch Motronic DME, G-Kat, Ölinhalt Motor 5,75 l

Kraftübertragung Fünfganggetriebe, a. W. ZF-Fünfstufenautomatik m. Wandler, Hinterradantrieb

Karosserie und Fahrwerk Selbsttragende Stahlblechkarosserie, vorn Doppelgelenkachse mit MacPherson-Federbeinen an unteren Dreiecksquerlenkern, hinten Schräglenkerachse an Federbeinen, Stabilisator, ZF-Kugelmutter-Hydrolenkung mit Servounterstützung, Scheibenbremsen mit ABS, Räder 6 J x 15, Reifen 195/65 R 15

Maße und Gewicht Radstand 2761 mm, Länge x Breite x Höhe 4720 x 1751 x 1412 mm, Gewicht 1475 kg, Tankinhalt 80 Liter

Fahrleistungen und Verbrauch Vmax 205 km/h, 0–100 km/h in 11,5 s, Verbrauch 11 l/100 km

Bauzeit und Stückzahl 520i 24V, 1990–1995: 345.678 Exemplare

Ein Strauß Blumen

Es war nur ein Versuch. Eines Tages kam ich mit diesem nagellackroten 190er nach Hause wie andere Männer mit einem Blumenstrauß. Ich wollte mich mit meiner Frau versöhnen, sie um Verzeihung bitten für all diese sinnlosen Affären mit den in ihren Augen ach so billigen, rostigen und spießigen Autos, die null Esprit hätten und nur von Metzgern oder alten Leuten gefahren würden.

Mercedes 190 E Avantgarde Rosso

Motor	R4, 1797 cm³
Leistung	109 PS
Gewicht	1210 kg
Vmax	180 km/h
Bauzeit	1992
Preis*	8000 Euro

Ich wollte sie aber auch von ihrem arg banalen Seat Ibiza (Typ 6J) befreien, den ich schon immer viel zu jung für sie fand, schließlich trägt sie ja auch längst keine Hotpants mehr.

Aber Männer schenken ja gerne, was ihnen auch selbst gefällt, und ein zeitlos eleganter Mercedes, kompakt und mit einem femininen Accessoire-Touch ist eben der 190 E 1.8 Rosso in kräfti-

gem Nagellack-, pardon, Avantgarde-Rot. Ein Auto wie eine Designer-Handtasche, chic und begehrenswert und nur fast so teuer wie eine gebrauchte Kelly-Bag von Hermes. Und »Limited Edition« sowieso. Das Temperament des lebhaften 1,8-Liter-Vierzylinders reicht für fast alle Fälle. Die Viergangautomatik samt Servolenkung, die obendrein von einem winzigen Wendekreis gekrönt wird, verleiht dem Rosso eine spielerische Handlichkeit. Das lederbezogene Lenkrad fasst sich dabei fast sinnlich an. Vier Türen und ein großer Kofferraum helfen, auch formatfüllende Shoppingtüten locker zu verstauen. Alles in allem das ideale Frauenauto mit einem Schuss Esprit, dachte ich, zumal so ein 190 E Avantgarde weder alt aussieht noch sich alt fährt. Und mein tolles Versöhnungsauto kennt weder Rostblasen noch Wartungsstau.

Doch meine Frau verliebte sich nicht. Nach einer langen Probefahrt, bei der zu selten ein Lächeln über ihre Lippen huschte, meinte sie vorsichtig: »Kannst du den auch umtauschen?« Nun steht mein Rosso beim Kiesplatzhändler und welkt traurig vor sich hin.

Camouflage-Design in Multicolor auf den Sitzbezügen. Auch die Bordmappe ist so eingekleidet. Sonst ist alles ziemlich normal am Avantgarde.

Mercedes ohne Stern

Er ist groß, bequem, elegant und zuverlässig. Der Peugeot 605 bietet also all das, was ich mag. Natürlich wäre mir der charmante Salonlöwe als 3.0 SV Automatique mit dem klangvollen und leistungsstarken Europa-V6 noch lieber.

Peugeot 605 2.0 SRi

Motor	R4, 1998 cm^3
Leistung	121 PS
Gewicht	1325 kg
Vmax	195 km/h
Bauzeit	1989–1999
Preis*	4500 Euro

Aber diese in nappaweicher Lederpolsterung ausgeschlagene Topversion ist am Gebrauchtwagenmarkt leider kaum existent. Denn als Youngtimer wird der 605 wegen seines zeitlosen Pininfarina-Designs, das an den Alfa 164 erinnert, kaum wahrgenommen. So fristet er ein Schattendasein auf Kiesplätzen, was für Dumpingpreise ab 1200 Euro für fahrbereite Autos mit Rest-TÜV sorgt.

Weiße Blinker folgen der Mode der 1990er-Jahre. Die Raumverhältnisse sind fürstlich, die Verarbeitungsqualität überzeugt.

Seine Form hat zweifellos einen Schuss Mercedes. Stern-Designer Bruno Sacco hat sich stets auch von Pininfarina inspirieren lassen, und umgekehrt galt dies wohl auch: Undramatische Linien, die dank des langen Radstands von 2800 mm (exakt wie ein W 124) harmonisch und weich verlaufen, raffinierte Lichtkanten und eine niedrige Gürtellinie mit großen Glasflächen erfreuen den Betrachter. Dank seiner üppigen Breite ist das Raumgefühl im 605 so großzügig wie in einem 400 SE. Bis auf die verspielten Armlehnen in den Türen zeigt sich das Interieur funktionell und selbst beim 2.0 Sri mit jener luxuriösen Note, die man in dieser Klasse erwartet.

Auch die Langzeitqualität, früher eine Schwäche von Peugeot, überzeugt. Gegen seine verzinkte Karosserie entpuppt sich ein W 124 als rostfreudige Drama-Queen. Der Zweiliter-OHC-Vierzylinder mit 121 PS ist im 605 leise, sparsam und elastisch, brave Eigenschaften ohne Höhepunkte, wie man sie auch dem M 102 im 200 E attestiert.

Frontantrieb und Quermotor unterscheiden sich aber deutlich von der Stern-Doktrin und beeinträchtigen Handlichkeit und Schaltgefühl. Das aufwendige Fahrwerk mit vorderer Federbein- und hinterer Doppelquerlenkerachse sorgt für besten Fahrkomfort. Mehr Auto für weniger Geld ist kaum vorstellbar.

Der Jaguar für Arme

Ich liebe Understatement. Der Rover 600 gibt mir reichlich davon. Seine Linie ist von schüchterner Eleganz, seine Proportionen stimmen. Er ist ein Individualist der gehobenen Mittelklasse, aber kein launischer Exzentriker.

Rover 600

Motor (623 Si)	R4, 2259 cm³
Leistung	158 PS (5800/min)
Gewicht	1335 kg
Vmax	216 km/h
Bauzeit	1993–1999
Preis*	2500 Euro

Er basiert auf solider Honda-Technik, präsentiert den unscheinbaren Accord im attraktiven Kleid. Seine Konstruktion ist modern und erzsolide, Frontantrieb, Quermotor.

Die Benziner überzeugen mit ausgereiften, langlebigen Vierventil-Triebwerken, besonders empfehlenswert ist der 623i mit 158 PS und zwei obenliegenden Nockenwellen. Auch das Fahrwerk ist auf der Höhe der Zeit, vorne und hinten kommen aufwendig konzipierte Doppelquerlenker-Achsen zum Einsatz. Zum Wohle des Fahrkomforts und der Straßenlage. Die Tester von auto motor und sport zeigten sich vom Rover 600 angetan, aber nicht wirklich begeistert. Ihm fehle das Brillante, das Außergewöhnliche, so hieß es. Mag sein, aber ich finde Autos aus der zweiten Reihe oft besonders anziehend. Obwohl klassische Eleganz gerne in Richtung gepflegte Langeweile abdriftet, hat es mir der 600er-Rover angetan. Er passt mir, ich sitze gut, genieße ein üppiges Raumgefühl und erfreue mich an Holz und Leder. Denn ein Rover 600 ist so billig, dass man sich getrost die üppigeren Varianten gönnen kann, erst ab 620i gibt es genügend Leistung für den recht schweren Wagen.

Das ausgewogenste Modell 623i ist leider sehr selten, der exklusive 620 ti mit dem 200 PS starken Turbo-Triebwerk von Rover bleibt die große Ausnahme. Wer um Ersatzteile fürchtet, dem sei versichert, dass der US-Konzern Caterpillar auch künftig für die Versorgung geradesteht. Schwieriger ist es da schon, einen der seltenen Wagen zu ergattern. Die Preise halten sich nach wie vor im Rahmen.

Funktionalität gepaart mit dezentem Luxus zeichnet den Rover aus. Die Motoren stammen meist von Honda.

Neon heißt Neutrum

Man scrollt sich schier den Zeigefinger wund, um den Chrysler Neon bei mobile.de oder AutoScout24 über die 1000-Euro-Grenze zu treiben. Für das Geld kriegt man schon Topautos mit zwei Jahren TÜV und Lederausstattung.

Chrysler Neon LE 2.0

Motor	R4, 1996 cm³
Leistung	133 PS b. 5850/min
Gewicht	1169 kg
Vmax	202 km/h
Bauzeit	1994–1999
Preis*	2000 Euro

Es haben erstaunlich viele überlebt, die Langzeitqualität dieses kruden Underdogs der Golf-Klasse ist weit besser als einst prophezeit. Der gute Rostschutz mit verzinkten Blechen zeigt Wirkung.

Niemand traut dem Neon auch nur irgendetwas zu. Das mag vor allem am unglücklichen Design liegen, dessen provinzielle Eleganz an die

Dacia-Logan-Stufe erinnert. Die geduckte Frontpartie mit den Froschaugen und die übertrieben keilförmige Seitenlinie formen eine ungeschickte Körpersprache, bar jeder Souveränität. Sie verrät: »Tu mir nichts, ich kann doch nichts dafür, dass ich nichts kann und nichts wert bin.«

Kein anderes Auto hat eine derart ausgeprägte therapiebedürftige Selbstwertproblematik. Dabei müsste der Neon nur ein bisschen mehr an sich glauben. So schlecht ist er nämlich gar nicht. Er federt gut, er liegt gut. Er ist wie ein unscheinbarer Mensch mit einem aufrechten Wesen. Der elastische und drehfreudige Zweiliter-Vierzylinder mit immerhin 133 PS verhilft dem Neon, der maximal auf 75 PS geschätzt wird, locker zu den Fahrleistungen eines Mercedes 230 E.

Ein weiteres Problem des Neon ist sein trister Weltauto-Charme. Es scheint Zufall zu sein, dass Chrysler draufsteht, er könnte bei der Geburt vertauscht worden sein, seine wahren Eltern Proton, Toyota oder Kia heißen. Seine Aufgabe auf dieser Welt ist es, die Menschen zu erleuchten. Sie zu Bescheidenheit und Demut zu erziehen. Ich mache den unerschrockenen Selbstversuch, der Neon kommt auf die Liste des »Unvernünftigen Kaufs«: Priorität hoch. Dann kann er endlich zeigen, dass er was draufhat.

Der Neon hat ein Identitätsproblem. Bin ich ein Chrysler? Funktional jedenfalls ist nichts an ihm auszusetzen: Er hat alles, was man braucht.

Avantgarde für Arme

Stellen Sie sich vor, Sie fahren ein Designer-Auto, das nicht wie ein Designer-Auto aussieht. Robert Opron, der Schöpfer des atemberaubenden Citroën SM und der nicht minder bezaubernden Alpine V6, gestaltete eine ganz und gar unaufgeregte Limousine, deren diskreter Charme sich erst auf den zweiten Blick erschließt.

Renault 25 V6 Injection

Motor	V6, 2849 cm^3
Leistung	153 PS
Gewicht	1320 kg
Vmax	213 km/h
Bauzeit	1984–1992
Preis*	3500 Euro

Der Renault 25 V6 imponiert durch Größe, Fahrkomfort und ein salonhaftes Plüsch-Interieur, doch verglichen mit dem Citroën CX oder dem Rover Vitesse SD1 lässt er eine gewagte Linienführung vermissen.

Ein zweiter Großmeister der Autostilistik bekam den Auftrag, ein futuristisches Cockpit für den großen Renault zu entwerfen. Marcello Gandini, als Ex-Chefdesigner von Bertone zu Höherem berufen, wie dem Lamborghini Countach LP400 oder dem Dino 308 GT4, schuf die etwas fremdkörperhaft wirkende Pilotenkanzel, die an ein Mischpult im Tonstudio erinnert. Aus winzigen Lautsprechern hinter sehr fein gefrästen Hartplastikschlitzen tönt bisweilen eine herbe Frauenstimme und fordert xanthippisch: »Handbremse lösen« oder: »Sicherheitsgurt anlegen«. Trotzdem ist der Renault 25 V6 ein höchst angenehmes Auto, mit dem sich herrlich leben lässt. Vor allem in der verschwenderischen Baccara-Ausstattung, die aus dem Wagen eine echte Wohlfühl-Lounge macht. Der PRV-Europa-Motor ist weit besser als sein Ruf, er läuft leise und geschmeidig, nur jenseits von 4000/min verliert der unorthodoxe 90-Grad-V6 mit kettengetriebenen Nockenwellen

seine guten Manieren. Dann klingt er sehr kernig und trinkt zu viel.

Auch das Fahrwerk gefällt Technik-Gourmets, hinten trägt der lässige Fronttriebler eine aufwendige Doppelquerlenker-Hinterachse mit komfortorientierter Abstimmung. Rost ist beim Renault 25 wider Erwarten kein großes Thema: Die unteren Partien der Karosserie sind verzinkt.

Der Mix aus Fastback und Stufe war in den 80er-Jahren en vogue. Eine Pilotenkanzel umgibt den Fahrer (oben).

Der heimelige Diesel

Es muss nicht immer BMW, Mercedes, Audi oder Volvo sein. Es gibt auch andere kompetente Hersteller eindrucksvoller Limousinen, deren zuverlässige und robuste Erzeugnisse gerade für den strapaziösen Winterbetrieb wie geschaffen sind.

Nissan Laurel 2.8 D SGL

Motor	R6, 2825 cm³
Leistung	90 PS
Gewicht	1330 kg
Vmax	158 km/h
Bauzeit	1985–1989
Preis*	9500 Euro

Vor Jahren geriet ich durch Zufall bei einem Nürnberger Export-Autohändler an einen Nissan Laurel Diesel mit Automatik und kuscheligem großvolumigem Sechszylinder-Saugdiesel samt angetriebener hinterer Starrachse. Es war eine Offenbarung, weil diese erfreulich wertkonservative Konstruktion, gepaart mit dem exotischen Reiz japanischer Automobilkultur, mich restlos überzeugte. Das großartige Design des Laurel ist außen wie innen noch kantiger als das eines späten Ford Granada.

Ihren obsessiven Hang zum rechten Winkel lebten die japanischen Stylisten offenbar nicht nur beim Nissan Patrol voll aus. Nur Instrumente und Räder sind beim Laurel rund. Sonst herrscht, passend zur blütenlosen und frostigen Jahreszeit, strenger Kubismus vor. Jegliche Verspieltheit, mit Ausnahme eines dritten Seitenfensters, wird negiert. Der Nissan 2.8 D vom Typ C32 gehört zur vierten Laurel-Generation, wenn man den Datsun 240 K-GT, einen Ableger der kultigen Skyline-Baureihe, mitzählt.

Mein später Laurel, Baujahr 1988, ist das Resultat eines gelungenen, weil minimalen Facelifts. Der Sechszylinder-Wirbelkammerdiesel mit unerwartetem Zahnriemenantrieb leistet entspannte 90 PS bei 4600/min. Das wohlige Drehmoment beträgt 173 Nm bei 2400/min. Diese unaufgeregte Charakteristik sorgt für lange Haltbarkeit und hohe Laufkultur. Mehr als ein lässiges Rauschen dringt nur beim Kickdown zum Fahrer. Die Dreigangautomatik mit Overdrive macht aus dem Nissan einen wahrhaftigen Samtpfoten-Diesel, der selbst auf festgefahrener Schneedecke nicht durchdreht. Nur für die Rostvorsorge müssen wir noch etwas tun, damit das Langzeitauto lange hält.

Unter der Haube arbeitet ein robuster Sechszylinder-Diesel mit eindrucksvoller Klangkulisse.

Verspielt ist anders. Aus jeder Perspektive verrät der Laurel die Winkeltreue seiner Konstrukteure.

Der Kompromisslose

Gegen den Strom schwimmen? Für den eigensinnigen Volvo 760 GLE kein Problem. Die kantige Karosserie mit fast vertikaler Heckscheibe war vom Cadillac Seville inspiriert, zeigte sich aber eigenständig genug und war eine klare Absage an die Aerodynamikmode seines Debütjahres 1982, als Mercedes 190 E, Audi 100 CD 2.3 E und Ford Sierra der Stromform devot huldigten.

Volvo 760 GLE, Typ B28E

Motor	V6, 2849 cm³
Leistung	156 PS
Gewicht	1390 kg
Vmax	190 km/h
Bauzeit	1982–1990
Preis*	5900 Euro

Chefdesigner Jan Wilsgaard schuf die Form des großen 7er-Volvo so zeitlos, dass sie in ihren planen Grundzügen bis zum Ende des 960 im Jahre 1998 durchhielt. Der Luftwiderstandsbeiwert war übrigens mit 0,37 gar nicht so schlecht. Gegen den Strom der etablierten Luxusklasse schwamm der 760 GLE auch in der Auswahl der Motoren und bei der starren, aber mit

Wattgestänge, Längslenkern und Panhardstab sorgfältig konstruierten Hinterachse. Neben dem bewährten, technisch eigenwilligen Europa-OHC-V6 aus Leichtmetall von Peugeot-Renault-Volvo mit seinem unorthodoxen Zylinderwinkel von 90 Grad samt kernigem Klang und solidem Kettenantrieb gab es einen Vierzylinder-Turbo mit 170 PS und einen von VW entwickelten Sechszylinder-Turbodiesel Intercooler in Reihe mit 113 PS. Auch das war 1982 in der noblen Kategorie über 35.000 Mark ein mutiges Experiment. Es gelang, der Volvo 760 GLE avancierte als Sedan zum Topseller, 1985 lud man im Manufakturwerk Kalmar die Kombiversion nach. Alle 760 GLE sind made in Sweden.

Viele Vorurteile gegenüber dem PRV-V6 sind unbegründet. Das weiß der Autor dieser Zeilen aus eigener Erfahrung. Er stieg 2007 von einem Mercedes 250, W 123, auf den 760 GLE um und erlebte den ach so verschrienen V6 sparsamer und kultivierter als das vierfach gelagerte Antik-Triebwerk, das noch ein Ableger des Motors aus dem 230/8 war.

Volvos Topmodell präsentiert sich im Inneren in Leder oder Edelvelours und ist meist mit Dreigangautomatik plus Overdrive ausgerüstet.

Langzeit-Limousinen

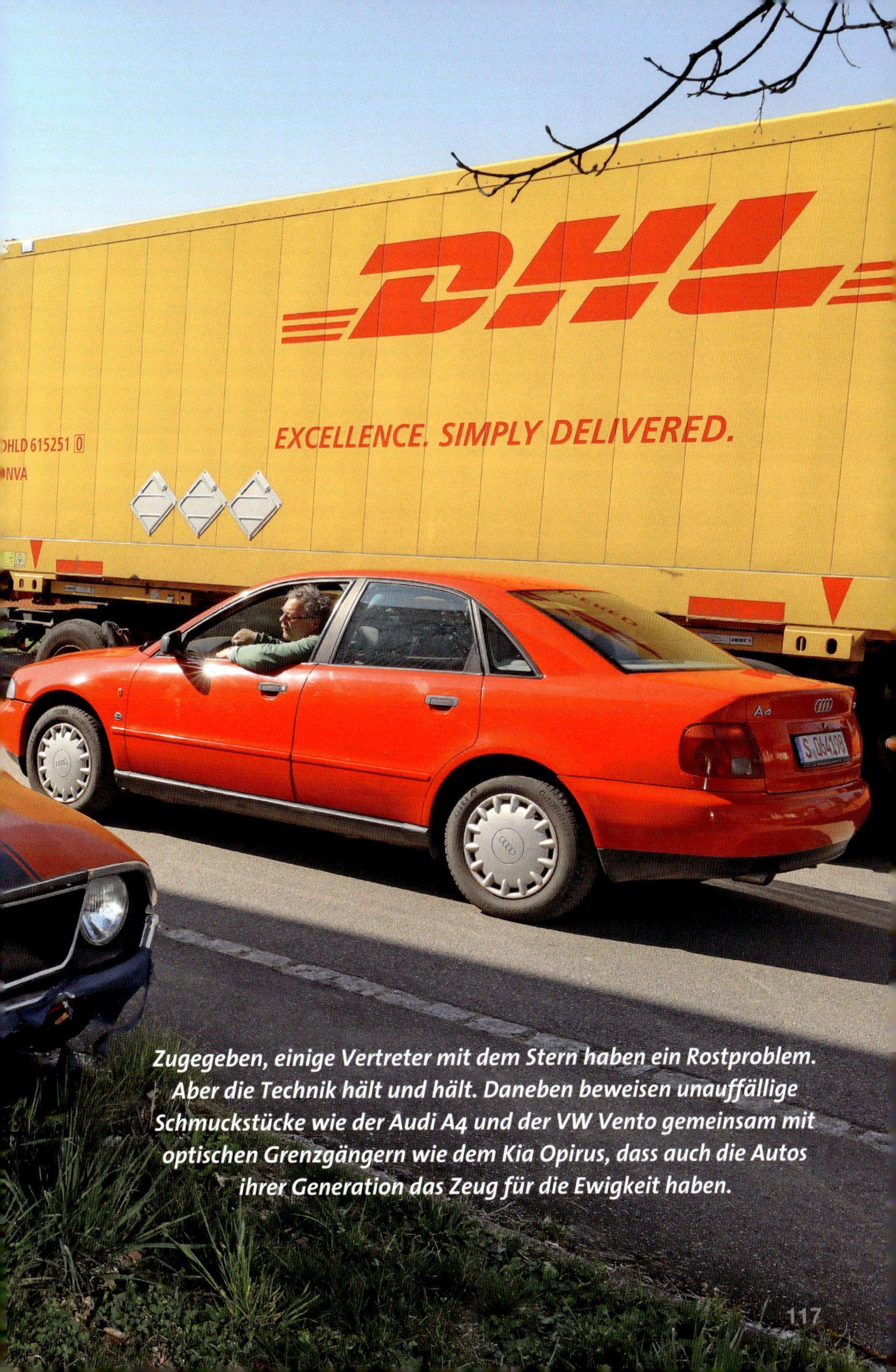

Zugegeben, einige Vertreter mit dem Stern haben ein Rostproblem. Aber die Technik hält und hält. Daneben beweisen unauffällige Schmuckstücke wie der Audi A4 und der VW Vento gemeinsam mit optischen Grenzgängern wie dem Kia Opirus, dass auch die Autos ihrer Generation das Zeug für die Ewigkeit haben.

Das 100-Euro-Auto

Ich traue meinen Augen nicht: ein Rover 45 Charme mit 109 PS für zwei braune Scheine? Auf den Fotos im Netz sieht der Wagen prima aus: keine Beulen, kein Rost. Im Text steht: fahrbereit. Also nichts wie hin und kaufen!

Rover RF/RT

Diese Typencodes vereinen 23 Rover-Modelle ab 1995, die sich viele Baugruppen mit dem Honda Civic Mk 6 teilen. Sie heißen Rover 214i bis 220 Coupé, Rover 200 und 25 sowie Rover 414i bis 420 SDi, Rover 400, 45 und MG ZT, ZS

Was bekommt man für 100 Euro? Zwei Billigreifen mit Montage, einen Ölwechsel für einen Sechszylinder, einen Satz gebrauchte Stahlfelgen oder ein Becker-Radio für einen Mercedes W 124. Aber ein ganzes Auto? Auch das gibt es, etwa einen roten Ford Fiesta von 1989, ausgeblichen und mit klapperndem Kent-Motor, sichtlich vom Rost gezeichnet, verbeult und ohne Radkappen, bunte Billig-Schonbezüge übertünchen einen verwohnten Innenraum: »100 Euro Festpreis, Bremsen auch fest, bitte mit Hänger abholen.«

Aber ein komplettes, fahrbereites Auto von einer Premium-Marke mit glänzendem Lack, Leichtmetallrädern ohne sichtbaren Rost auf den vielen Fotos im Internet und mit zwei Monaten Rest-TÜV für 100 Euro? Ein superbes Blaupunkt Coburg CD-Radio prangt in der Mittelkonsole, kein trostlos gähnender Schacht will, wie so oft, erst gefüllt werden. Also, kurz anrufen, ob er noch da ist, und dann alles stehen und liegen lassen, für diesen einsamen Superlativ. Wenn dieser Rover 45, Modell Charme in Platinum Silver mit 148.713 Kilometern auf dem Tacho und vier Vorbesitzern, so fährt, wie er aussieht, wird dies mein günstigster unvernünftiger Kauf, seit ich diese Narretei begehe.

Auf der Fahrt in meinem braven Alltags-Mercedes 300 E Richtung Bodensee nach Tettnang versuche ich eine Erklärung zu finden, warum der schöne Wagen mit dem ausdrucksvollen Rover-75-Gesicht quasi verschenkt werden soll: Okay, Rover, traditionsreiche, aber untergegangene Marke seit 2005, das Modell 45 zwar ganz hübsch, wie ich finde, aber ein Honda-Civic-Derivat mit leicht spießiger Stummelheck-Note und von eher limitierter Strahlkraft. Genau genommen basiert der 45 auf dem Honda Domani, so heißt der Civic mit Rucksack in Japan. TÜV hat der Dumping-Rover nur noch zwei Monate, da droht viel-leicht arges Ungemach. Leider sehen viel zu wenige im Rover 45 den entzückenden, erhaltenswerten Youngtimer. Für die meisten wäre er wohl ein Risikokauf mit eingebautem Ersatzteilnotstand. Obwohl die Versorgung über XPart Caterpillar Logistics gesichert ist und große Mengen von Gebrauchtteilen im Internet kursieren, gibt es sicher viele Vorbehalte.

Mich kümmern sie nicht, ich will ihn haben, Tettnang wird in Kürze er-reicht. Der Rover 45 ist

BU

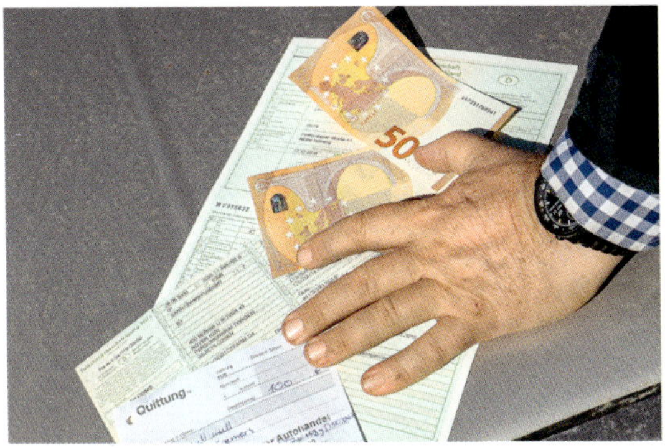

Im Motorraum des 16-Ventilers sieht es gut aus. Zettel und Aufkleber künden vom letzten Öl- und Zahnriemenwechsel. Ein Quäntchen Kühlmittel fehlt bis zur Maximum-Marke.

Links: Hinten sind artfremde Alu-Räder montiert. Deshalb passen die Nabenkappen nicht. Trotzdem: Nur 100 Euro gegen Brief und Quittung, mehr nicht.

nicht gerade das Gesicht in der Menge, aber mein Scannerblick zoomt in mir schon beim Vorbeifahren aus dem Gebrauchtwagenrudel am Zaun vom Autohandel Mattar. Der Inhaber, ein junger, sehr freundlicher Mann so um die dreißig, beschwört geradezu die unbedingte Fahrtauglichkeit des Rover: »Lenkung, Bremsen, Motor, alles einwandfrei, da ist nirgendwo ein Problem! Sie können ohne Sorgen bis nach Stuttgart fahren.« Dabei freut er sich über meine aufrichtige Begeisterung für den schmucken kompakten Wagen.

Sie schaukelt sich beim Probe sitzen und Betrachten des tadellosen Innenraums mit dem extrafeinen Rover-Ambiente hoch und hält auch noch nach einer prüfenden Umrundung des charmanten 45 mit dem treuen Augenaufschlag an. Auf den ersten Blick nirgendwo Rost, aber auch an gar keiner Karosseriekante, an keinem Scheibengummi, selbst die vier Radläufe sind ohne Befund. Als Mängel registriere ich lediglich unterschiedliche Räder vorne und hinten, deren Pendants als zweiter, gemischter Satz Alus im Kofferraum liegen, ein paar Kratzer im Lack, einen harmlosen Riss im hinteren Stoßfänger und eine

Alfs To Do Liste

- Original Rover-Alu-Räder mit Reifen an der Hinterachse montieren (liegen im Kofferraum) und originale Radnabendeckel aufstecken
- Lose Schwellerzierleiste rechts entfernen, Schweller entrosten, mit Korrosionsschutz behandeln, neue Clips einsetzen, Zierleiste montieren. Rostherd im Radhaus um Gummiteller sanieren, gegebenenfalls ein angefertigtes Reparaturblech einschweißen
- Kleinen Riss im hinteren Stoßfänger mit Heißklebepistole schließen, Gummidichtungen mit Hirschtalg konservieren, vereinzelte Lackkratzer rauspolieren
- Vier originale Fußmatten und Bordmappe Rover 45/400 bei Ebay ersteigern, Türverkleidung an der Fahrerseite festkleben, matten Lenkradkranz mit Kunststoffpflegemittel auffrischen
- Motorhauben-Dämmmatte reparieren, einige Blechlaschen für Anbauteile entrosten, Ölwechsel Motor und Getriebe vornehmen, Schaltgestänge justieren, Wagen beim TÜV zur HU (Paragraf 29) vorführen

Die Schmutzschlieren vom Kiesplatz gehören direkt nach dem Kauf weggeduscht.

herabhängende Schwellerzierleiste auf der rechten Seite. Sie gibt ein bräunlich-silbern schillerndes Rostbiotop frei.

Auch im hinteren rechten Radhaus nistet die braune Pest um einen dieser Gummistöpsel, da ist etwas unschön aufgequollen. Während ich die Motorhaube aufstemme, sehr wohlwollend den breiten Zylinderkopf des rassigen Rover-K16-Triebwerks »16 Valve-Twin Cam« registriere und die Flüssigkeits-stände checke, ruft der bekennende BMW-Fan und Z4-Fahrer Mattar nach seinem Mechaniker. Er weist ihn an, die Zierleiste provisorisch festzuschrauben und intakte Kennzeichenhalter anzubringen.

Der Ölstand stimmt, der letzte Öl-wechsel war, so bescheinigt es der Liqui-Moly-Zettel, bei 126.713 Kilometern, einen neuen Zahnriemen gab es laut Aufkleber 2014 bei 95 056 Kilometern. Mein Hauptaugenmerk gilt jedoch dem Ausgleichsbehälter. Wie ist die Farbe des Kühlmittels? Das frische Blassrosa ist unverdächtig, wie ist der Stand bei kaltem Motor? Zwei Zentimeter unter Maximum, das ist verdächtig, aber nicht beängstigend. Schließlich weiß ich um die Befindlichkeiten des Rover-K-Series-Motors. Die Zylinderkopf-dichtung ist ein Schwachpunkt des Triebwerks, meist wurde sie bei meinem Kilometerstand schon gewechselt, aber es gibt keinen Nachweis, weil die elegante braune Rover-Servicemappe mit Wartungsheft und Betriebsanleitung leider nicht mit an Bord ist. Für 100 Euro kann man nicht alles bekommen, immerhin hat der 45 Charme Klimaanlage, vier elektrische Fensterheber und ein gescheites Radio. Der Motor springt sofort an und läuft ohne Hydrostößelklappern mit normaler Drehzahl, Gasstöße werden ohne Ruckeln umgesetzt. Irgendwie scheint sich der Wagen zu freuen, dass er wieder Autobahnasphalt unter die Räder bekommt, statt zum Verwerter zu rollen.

Ein Auto zum Spottpreis

Schnell sind die Formalitäten erledigt, ich tausche zwei 50-Euro-Banknoten gegen die Wagenpapiere, einen zweiten Satz Schlüssel und eine Quittung. Mattar begründet den Spottpreis mit der schwierigen Marktlage des Exoten und wünscht mir gute Fahrt. An der Tankstelle nebenan fülle ich erst einmal Aral Ultimate 102 »mit der Anti-Schmutz-Formel« randvoll ein, um meinem viel-ventiligen Hochleistungsmotor etwas Besonderes zu gönnen. Dann ergänze ich das Kühlwasser noch mit einem bisschen Frostschutz, kaufe den obligatorischen Wunderbaum, diesmal »Piña Colada« und noch ein Maskottchen: Ein schrilles Schaf namens »Dolly« für die Mittelarmlehne hinten, um das arg dunkel-gediegene Velours, das im 45-Prospekt »Arbour Ash Grey« heißt, etwas fröhlicher zu gestalten. Macht zusammen 101,78 Euro, was den Wert des Rover schon mal verdoppelt.

Fünf Kilometer weiter biege ich ins »Sanft & Sauber-Waschparadies« ein. Ich dusche meinen

Die Rover-Ausstattungslinie Charme sorgt für Luxus im Kompaktwagen. Das Cockpit wirkt funktionell und behaglich. Ein teures Blaupunkt Coburg CD-Radio ist mit an Bord. Ein britisches Schaf dient als Maskottchen.

Daten & Fakten

Rover 45 1.6 Charme, Typ RT, Bj. 2000

Motor Typ 16KF4, wassergekühlter Vierzylinder-Reihenmotor, vorne quer, Bohrung x Hub 80 x 79 mm, Hubraum 1488 cm³, Leistung 109 PS bei 6000/min, max. Drehmom. 138 Nm bei 4500/min, Verdichtung 10,5 : 1, vier Ventile pro Brennraum, betätigt über zwei obenliegende zahnriemengetriebene Nockenwellen und Hydrotassenstößel, Motorblock und Zylinderkopf aus Leichtmetall, nasse Zylinderlaufbuchsen, fünf Kurbelwellenlager, elektron. Saugrohr-Einspritzung Motorola MEMS3, kennfeldgesteuerte Zündung, G-Kat, Ölinhalt Motor 4,8 l

Kraftübertragung Fünfgang-Schaltgetriebe mit Differenzial verblockt, Vorderradantrieb, CVT-Automatik nur als 1.8-Liter-16V, 117 PS

Karosserie und Fahrwerk Selbsttragende Stahlblechkarosserie mit großer Heckklappe, vorne Fahr-schemel mit Doppelquerlenkerachse und Federbeinen, hinten Doppelquerlenker mit Längslenkern, Zugstreben u. Schraubenfedern, Servo-Zahnstangenlenkung, v. Scheiben-, h. Trommelbremsen mit ABS, Räder 6 J x 15, Reifen 195/55 VR 15

Maße und Gewicht Radstand 2620 mm, L x B x H 4362 x 1696 x 1390 mm, Spur 1480/1470 mm, Gewicht 1180 kg, Tank 55 Liter

Fahrleistungen und Verbrauch Vmax 190 km/h, Beschl. 0–100 km/h 11,5 s, Verbr. 8,9 l/100 km

Bauzeit und Stückzahl Rover RT u. MG ZS,1995–2005: 356.769 Exemplare

Mittagspause mit Fish and Chips samt »Daily Telegraph« – ein bisschen Stil muss sein.

Rover volles Programm ab, veranstalte eine kleine Schaumparty, damit er alle Spuren verliert, die der abtauende schmutzige Schnee auf Lack und Glas hinterlassen hat. Aber damit nicht genug, ich ziehe die alten Vignetten von der Frontscheibe, sauge die üppigen Polster, platziere die Alu-Räder ordentlich im Koffer-raum und entdecke dabei, dass selbst das Bordwerkzeug komplett ist. Notrad, Wagenheber und Verbandstasche sind ebenfalls an Bord. Dieses Ordnungsritual ist meine Art, die Spuren der Vergangenheit abzuschütteln, mich auf mein neues altes Auto einzulassen und zu sagen: »Du gehörst jetzt mir und du wirst es nicht bereuen.«

Drehen macht Freude

Ich fahre nach Richtung Friedrichshafen und von dort aus über die B 31 nach Lindau. Den Rover bringe ich dabei ordentlich auf Touren, die ausgeprägte Drehfreude des Doppelnockers stimuliert mich, wenngleich immer noch das heilsame Limit von 4000/min gilt. Altes Motoröl, lange Standzeit und das Alter des Zahnriemens mahnen zu schonendem Umgang. Auch wenn ich das Kühlwasserthermometer bisweilen etwas angestrengt fixiere, habe ich Spaß mit meinem Rover. Noch ist alles im grünen Bereich, die Nadel pendelt sich knapp unter dem Mittelfeld ein. Mein K-Series-

Worauf Sie beim Rover 45 und 400 achten müssen: Die Langzeitqualität überzeugt

Rost an tragenden Partien kommt beim teilverzinkten Rover 45 und 400, alias Baureihe RT, selbst nach über 20 Jahren nur selten vor. Betroffen sind die Schweller unter den Kunststoffzierleisten und die hinteren Radhäuser um die schwarzen Gummiteller, welche die Ablauflöcher für die Tauchbadgrundierung verschließen.

Rost als Schönheitsfehler tritt an den Seitenteilen über den hinteren Stoßfängern und an den benachbarten Radläufen auf. Selten erwischt es den Rahmen des Nummernschildfachs an der Heckklappe. Die Schmutzfänger vorne sind Rostzüchter und sollten entfernt werden.

Das K-Series-Triebwerk gilt als robust und langlebig. Doch sollte man das Kühlsystem genau prüfen. Überhitzung nimmt der Alu-Motor schnell übel. Seine Zylinderkopfdichtung ist unterdimensioniert, die maßgenaue Passung der nassen Laufbuchsen wird gefährdet. Im Falle eines Defekts die verstärkte Multilayer-Dichtung, Teile-Nr. LVB500190, einbauen und zur sicheren Fixierung der Buchsen das Reinforced-Oil-Rail, Nr. LCN160, montieren.

Motor scheint gesund zu sein. Der Alu-Motor in mehrteiliger Sandwich-bauweise klingt beim Hochdrehen kernig, sein Ton wird dann metallisch hell, wie es bei vielen Vierventilern üblich ist. Die Schaltung des quirligen Fronttrieblers könnte exakter sein, die Gassen sind recht lang, und ihre Definition verdient den Ausdruck elastisch. Vielleicht kann man am Gestänge später mal nacharbeiten. Polternde Geräusche vom Fahrwerk oder schwammige Richtungswechsel gibt es keine, Traggelenke und Querlenkerbuchsen scheinen in Ordnung zu sein. Überhaupt ist das Fahrwerk des Rover 45 aufwendig konstruiert. Vorne gibt es Federbeine an doppelten Querlenkern, nicht wie üblich an einfachen à la McPherson.

Rover – a class of its own

Hinten versucht, anders als bei seinem Hatchback-Bruder 25, eine Mehrlenkerachse mit Querlenker-Doppelpack und Längslenkern den besten Kompromiss zwischen Fahrkomfort und Straßenlage zu finden. Dieser Spagat gelingt dem Rover gut, er federt sanft und untersteuert in schnell gefahrenen Kurven nur mäßig. Aber es bleibt natürlich ein Fronttriebler mit Quermotor, Kurven sind nicht gerade seine Leidenschaft. Trotz der direkten Servolenkung, die eine gute Rückmeldung vermittelt, fährt sich der Rover etwas eckig. Der Wendekreis ist für so ein kompaktes Auto riesig, ein etwa gleich großer BMW Dreier E36 fühlt sich viel agiler an.

Aber ist das wichtig? Entscheidend sind doch Freude und Emotion. Mein Rover ist ein sympathisches Wohlfühl-Auto. »Auch ein Billig-Youngtimer vom Jahrmarkt vermittelt großen Fahrspaß«, das ist die Botschaft meines 100-Euro-Autos. Richtig teuer war der Rover 45 Charme einst neu, im Jahre 2000 hat er 32.500 Mark gekostet. Es gelingt ihm, sich meilenweit vom frugalen Honda Civic zu emanzipieren. Ich glaube, dies liegt im Gespür der Rover-Mannschaft für elegantes Styling und in ihrem Gefühl für edle Materialien. Kein Detail an ihm wirkt lieblos, man schaue nur auf die Räder, »Fission« heißen die, und sie sind bild-schön. Es ist auch eine Freude, die gediegen gestalteten Prospekte über den Rover 45 zu betrachten. Ich besitze sie alle, leider fehlt mir das lederne Bord-buch samt vornehmem papiernen In-halt. Vielleicht hat es der letzte der vier Vorbesitzer als Erinnerung an seinen treuen Rover 45 behalten. Ich könnte ihn nur allzu gut verstehen.

Das Rover-Design ist unaufgeregt klassisch. Dabei wirkt der Rover 45 ein wenig wie ein Honda-Civic-Derivat mit leicht spießiger Stummelheck-Note und von eher limitierter Strahlkraft.

Meine kleine S-Klasse

Mercedes-Benz C 180 Kompressor

Eckdaten DOHC-Vierzylinder, 1796 cm³,
143 PS, 1470 kg, 223 km/h, 2002 bis 2007,
Preis 3500 Euro (guter Zustand),
Charakter Funktionale Limousine mit angenehmen Fahreigenschaften und genügend Leistung

Das typische Mercedes-Gefühl wirkt auch noch zwei Nummern kleiner. Statt einer S-Klasse für 3990 fährt ein C 180 Kompressor für 890 Euro in die heimische Garage. Ein frisch verliebter Tag im silbernen Schmuckstück.

Meine klare Zielvorgabe für den Youngtimer-Kauf lautet diesmal: Luxus so billig wie möglich, was unweigerlich auf einen Diesel hinausläuft. Also beobachte ich bei meinen Recherchen auf Kiesplätzen und in den beiden Gebrauchtwagen-Portalen im Internet schwerpunktmäßig die Oberklasse bis 1500 Euro.

Spontan erinnere ich mich an einen Audi A8 2.5 TDI Quattro mit 415.000 Kilometern für 1490 Euro, den mein Blick vor zwei Monaten bei einer Begehung des einschlägigen Münchener Orleans-Areals neben dem Ostbahnhof streifte: Scheckheftgepflegt bis zuletzt, präsentierte er sich auch im Innenraum in einem erstaunlich guten Zustand. Doch jetzt, wo ich erneut vor dem großen Wagen im überaus reizvollen »Ming Blue Pearl Effect« stehe, verlässt mich der Mut. Eine flache ölbenetzte Auffangwanne vorne unter dem Wagen ist schuld daran. Ich fürchte nennenswerten Ölverlust und hasse es, wenn alte Autos blau rauchen oder triefen. Das ist mit meinem Umweltgewissen nicht vereinbar, eine rote oder gelbe Feinstaubplakette schon.

Frustriert drehe ich bei, versuche mir vorzustellen, dass es der Zufall war, der die Wanne unter das Auto schob. Doch die inneren Alarmglocken schrillen noch nach. Gegenüber bei einem anderen Händler entdecke ich vor dem alten, schmiedeeisernen Zaun einen silbernen Mercedes S 320 CDI in sehr gutem Zustand für 3990 Euro. »Erst 200.000 km, alle Kundendienste!«, steht auf dem handgemalten Verkaufsschild. Äußerlich ist kein Rost sichtbar, innen trägt die große Limousine schwarzes Leder.

Rituelle Tour in Rauchsilber

Doch sind 4000 Euro für mich viel zu viel. Von der Ölkrise entmutigt, setzte ich mich in meinen 300 E – Sie wissen ja, der Rauchsilberne mit Lederpolsterung – und klappere noch weitere Altauto-Kolonien ab. Im ländlichen Raum zwischen Augsburg und Landsberg stoße ich auf etwas völlig Unerwartetes und Unaufgeregtes, flankiert von einem Mercedes 560 SEL und einem Porsche 928 S: eine C-Limousine in der Standard-Hausfarbe Brillantsilber aus Juli 2002 für 890 Euro, der

Entspanntes Fahren in typischer Mercedes-Manier.

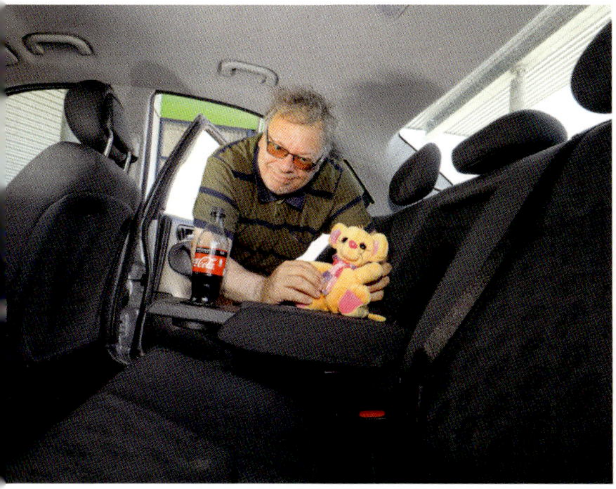

Auch für meinen C 180 muss ich das meistverkaufte Mercedes-Ersatzteil besorgen. Nach wenigen Handgriffen strahlt der neue Stern. Ein Wunderbaum gehört zum Kauf-Ritual, diesmal ist es »Ocean Paradise«. Das Maskottchen von der Tanke macht das trist-schwarze Interieur fröhlicher.

Mobile-Ausdruck liegt akkurat hinter der Frontscheibe. Sie ist in diesem noblen Umfeld viel zu jung, zu gewöhnlich, zu billig und auch zu rostig.

Der Händler will nicht genannt werden, er geniert sich förmlich für den Mercedes ohne Stern und mit verräterisch rotbraunem Saum auf der rechten Seite über dem Schweller. Umständlich verweist er auf eine »Inzahlungnahme von einem Arzt, die sich so ergeben hat«, und bedauert, dass der kleine Ersthand-Mercedes, dieser pfiffige Kompressor-Kuckuck, in seinem Nobelnest nicht längst nach Afrika ausgeflogen ist, wie es vor zwei Jahren noch üblich war: »Bei dem Spottpreis, unfallfrei, komplett und fahrbereit.« Ich gebe zu, dass ein W 203 nur bedingt meinem Beuteschema entspricht: Er ist zu jung, zu klein und zu gewöhnlich.

Aber er ist ein Mercedes, stilistisch sogar eine verkleinerte S-Klasse, und vor allem erweckt er mein Mitleid. Außerdem habe ich den C 280 T der gleichen Baureihe aus dem letzten Heft noch in bester Erinnerung. Ehe ich mich's versehe, habe ich den bartlosen, neumodischen Schlüssel in der Hand, mein aktiviertes Mitgefühl-Programm schaltet sofort auf die Vorzüge des Wagens um,

Alfs To Do Liste

- Beide Türen rechts an der Unterkante entrosten, wenn nötig partiell spachteln, grundieren und in Brillantsilber-Metallic, Code 744, lackieren
- Rost am Radlauf hinten links entfernen, drei Zentimeter schmales und acht Zentimeter langes Reparaturblech einschweißen, grundieren und lackieren
- Regelservice 130.000 km mit Ölwechsel nachholen. Motorsteuerung und Nockenwellensensor prüfen, Leerlaufschwankungen beheben, Schaltgestänge justieren
- Bremsseile der hakenden Feststellbremse prüfen, Fahrwerksbuchsen hinten kontrollieren und Kraftstoffleitungen checken
- Bordmappe mit Betriebsanleitung und Service-Verzeichnis plus vier gute Original-Aluräder bei eBay ersteigern, Leuchten checken, final zur HU § 29 vorfahren

die ich jetzt verstärkt wahrnehme, während »das bisschen Rost« und die »überhaupt nicht dramatische TÜV-Fälligkeit« zu Schönheitsfehlern schrumpfen. Der silbern glänzende Lack und das perfekt erhaltene schwarze Stoff-Interieur mit Cyprus-Edelholz begeistern mich. Das Display im gewöhnungs-bedürftigen Halbkreis-Tacho zeigt in der Tat erst 138.014 Kilometer. Lenkrad, Sitze, Mittelkonsole und Instrumententafel wirken so makellos wie bei einem Jahreswagen. Auch die Qualität fühlt sich sehr gut an, selbst der frühe W 203 ist beileibe kein Billigauto, dieser kostete 26.738 Euro, ohne Extras.

Nicht in das pflegliche Bild behüteten Ersthandbesitzes will die fehlende Bordmappe passen, aber immerhin liegt das Serviceheft mit Datenkarte im Handschuhfach und zeugt regelmäßigem Kundendienst. Die Datenkarte verrät immerhin ein Dutzend Extras, darunter Lederlenkrad, Sitzheizung und Klimaautomatik. Aber mein Wunschkonzert mit Schiebedach und Fünfstufenautomatik findet leider in dieser C-Klasse nicht statt. Später beim Fahren verströmt der Innenraum keineswegs frugale Kargheit, sondern eine Geborgenheit und verlässliche Funktionalität, wie sie nur ein Mercedes ausstrahlen kann. Selbst das suboptimale Kombi-Instrument mit den Viertel- und Halbkreis-Zifferblättern à la Ford Scorpio kann diesen von hochwertigen Eindruck nicht schmälern. Auch die Originalität in jedem

Die regelmäßige Wartung ist dokumentiert, dem modern konstruierten 1,8-Liter-Motor M 271 aus Leichtmetall mit Kompressor gefällt das (oben). Verspielt und so gar nicht Mercedes-like ist das Kombi-Instrument ohne Temperaturanzeige (links). Bevor Kritiker das schlimme Wort Rostlaube benutzen, gibt es einen »Quick and dirty Paint Job«: Sieht doch gleich viel besser aus, hält aber nicht ewig (rechts).

Rast an der Tankstelle. Luftdruck ergänzen und Waschwasser nachfüllen gehören zu den kleinen, netten Gesten für meinen neuen Spielkameraden.

Daten & Fakten

Mercedes-Benz C 180 Kompressor, W 203, Baujahr 2002

Motor M 271, wassergekühlter Vierzylinder-Reihenmotor, vorn längs, Bohrung x Hub 82 x 85 mm, Hubraum 1796 cm^3, Leistung 143 PS bei 5300/min, max. Drehmoment 220 Nm bei 4200/min, Verdichtung 9,5 : 1, vier Ventile pro Brennraum, betätigt über zwei kettengetriebene obenliegende Nockenwellen und Rollenschlepphebel, hydraul. Ventilspielausgleich, Motorblock und Zylinderkopf aus Leichtmetall, trockene Stahl-Zylinderlaufbuchsen, fünf Kurbelwellenlager, eine Ausgleichswelle, elektron. Einspritzanlage Bosch HFM, Eaton-Kompressor mit Ladeluftkühl., G-Kat, Euro 4, Ölinhalt 5,8 Liter

Kraftübertragung Sechsgang-Schaltgetriebe oder Fünfstufenautomatik, ASR, ESP, Hinterradantrieb

Karosserie und Fahrwerk Selbsttragende Stahlblechkarosserie mit Hilfsrahmen, vorn Federbeine, Querlenker, Zugstreben, hinten Raumlenkerachse mit doppelten Querlenkern, Zug- u. Schubstreben, Schraubenfedern, Servo-Zahnstangenlenkung, Scheibenbr. mit ABS, Räder 6J x 15, Reifen 195/65 R 15

Maße und Gewicht Radstand 2715 mm, Länge x Breite x Höhe 4525 x 1730 x 1430 mm, Gewicht 1470 kg, Tankinhalt 62 Liter

Fahrleistungen und Verbrauch Vmax 223 km/h, Beschl. 0–100 km/h in 10,9 s, Verbr. 8 l/100 km

Bauzeit und Stückzahl W 203 2000 bis 2007: 1.529.921 Exemplare

Vor allem aus dieser Perspektive sieht die C-Klasse W 203 dem W 220 total ähnlich. Der cW-Bestwert von 0,26 sorgt für beachtliche 223 km/h Spitze.

Detail betört mich, es gibt selbst nach 17 Jahren weder Baumarkt-Radkappen noch eine Oris-Anhängerkupplung oder dunkel folierte Seitenscheiben. Ich starte den Wagen voller Erwartung, er ist der modernste, den ich je besaß. Der DOHC-16-Ventiler mit beachtlichen 143 PS springt spontan an, aber im Leerlauf sägt er nervös und klingt kränklich. Der Händler verwies schon vorhin im Gespräch auf die Motorkontrollleuchte. Sie erlischt auch nach dem Warmlaufen nicht. Das liege an den Phasenverstellern der Nockenwellensteuerung, so heißt es. Der Händler ist nämlich auch Mechaniker.

Unter Last läuft der Kompressor-gedopte Vierzylinder, der ab 3000/min nachdrücklich zubeißt, einwandfrei. Er beschleunigt ohne Ruckeln auch im großen Gang bei niedrigen Drehzahlen mit energischem Durchzug. Das Sechsganggetriebe schaltet sich etwas hakelig, mehr Präzision wäre wünschenswert, an der für Mercedes-Verhältnis-

Worauf Sie beim W 203 achten müssen: Außer Rost gibt es wenig Ärger

Korrosion ist die Achillesferse auch dieser C-Klasse. Vor allem die Modelle vor dem großen Facelift im Frühjahr 2004 rosten nicht nur vereinzelt ringsherum unterhalb der dicken Seitenschutzleiste, auf der »Classic«, »Elegance« oder »Avantgarde« steht. Das Ausmaß der braunen Pest differiert, von unwürdigem Befall bis hin zu rost-frei ist alles möglich. Die Technik ist robust, vor allem die Vierzylindermotoren gelten als sehr solide und langlebig. Es empfiehlt sich jedoch, das Öl im eigenen Kompressor-Kreislauf vorbeugend zu tauschen. Elekronik-Fehlermeldungen sind häufig, schwerwiegende Defekte allerdings selten.

se geringen Laufleistung liegt diese relative Elastizität bestimmt nicht. Doch sonst ist wirklich alles erfreulich am kleinen Benz, der in der Summe seiner Eigenschaften so erstaunlich perfekt wirkt. Leistung ist mehr als genug vorhanden, der Verbrauch liegt bei acht Litern, der freudvolle Tag mit 187 sonnigen Kilometern und einer Spraypause lässt die Tankuhr beinahe unbeeindruckt.

Hoher konstruktiver Standard

Auch mit seiner Handvoll Unzulänglichkeiten macht mir der C 180 Kompressor Freude, er sieht nicht nur so aus wie eine miniaturisierte S-Klasse, er ist eine feine kleine Limousine. Ihr Fahrkomfort ist überragend, und das Lenkgefühl ist stets leichtgängig und direkt. Der Händler verwies auf eventuell ausgeschlagene Buchsen der Raumlenkerachse. Ich merke davon nichts. Aber ich wünsche dem Benz einen Satz Original-Aluräder im Siebenspeichen-Design. Sie würden ihm diese latente Restspießigkeit, die vor allem die Classic-Version verströmt, austreiben. Das bilde ich mir zumindest ein. Denn zum unvernünftigen Kauf gehört auch eine Portion Zuversicht. Ich mag naiv sein, aber ich glaube nun mal an das Gute in alten Autos.

Der Audi A8 verliert Öl, dieser Mercedes S 320 CDI ist leider zu teuer. Der C 180 gefällt spontan, also gekauft!

Der ALDI-AUDI

Audi A4 1.6, Typ 8 D
Eckdaten Vierzylinder, OHC, 1595 cm³, 101 PS, 1268 kg, 191 km/h, 1994 bis 2001
Preis 1800 Euro (guter Zustand),
Charakter Braves, zuverlässiges Auto von hoher Langzeitqualität ohne besonderen Reiz. Geringer Unterhalt, angenehme Fahreigenschaften

Er kostet so viel wie zwei volle Einkaufswagen und bietet selbst als Basis-1600er einen Hauch von Premium. Das klingt vernünftig. Doch es gibt am A4 einiges zu tun, und das Risiko fährt beim Billigkauf ständig mit.

So genau weiß ich es nicht mehr, wie ich auf den laserroten Audi A4 kam. War es der Schlüsselreiz der lockenden Signalfarbe, fuhr mir etwa noch der A8 2.8 aus der letzten Ausgabe heftig im Kopf herum? Er sieht ihm so ähnlich, nur um zwei Größen verkleinert. Oder hatte ich wieder Lust auf einen billigen Audi, der wie mein 100 CS nie rostet, der wie mein 80 GLS nie Neid erweckt und der auch sonst kein Risiko darstellt? Sicher geschah etwas Unterbewusstes, denn der A4 der ersten Generation von 1994 bis 2001, intern 8D genannt, wirkt so unscheinbar, er hätte auch weiterhin Audi 80 heißen können. Manchmal nenne ich ihn so, wenn ich unkonzentriert bin.

An einem strahlenden, dem Bilderbuch entsprungenen Frühlingstag leuchtet er mir schon von Weitem entgegen. Ich vertreibe mir die Zeit in der Kiesplatzhändler-Kolonie hinter dem Münchener Ostbahnhof, das ist mein Wohnzimmer, wie man gerne zu vertrauten Orten sagt. Für andere ist es ein gemütliches Café, für mich ist es dieses spannende italienisch-türkisch-arabische Multikulti-Areal, das stets neue Entdeckungen bereithält.

Der Audi ist so ein typisches Letzte-Reihe-Auto mit dreistelligem Preis und ein paar Monaten Rest-TÜV. Weit hinten wurde er kurz vor den Gleisen geparkt, neben einem unfall-beschädigten Nissan Micra, einem mit leeren Öldosen und alten Reifen beladenen Peugeot 106 und einem ausgeblichenen Skoda Favorit. Die Girlande mit den metallisch glitzernden Fähnchen hängt hier schon müde durch. Auch der A4, ein Basis-1.6 ohne Radkappen, ist nicht mehr ganz frisch, »890 Euro« auf dem Preisschild wurde durchgestrichen, 550 sind es jetzt, das Kilometerfeld mit der Zahl 184.002 ist rot umrandet, darüber ist »2. Hand« gekritzelt.

Alfs To Do Liste

- Lackstift und Farbspray Laserrot LoY3 sind nötig, um die an den Ecken lädierten Stoßfänger auszubessern und Kratzer wegzutupfen.
- Der ölfeuchte Motor muss abgedichtet werden. Die Ursache ist wohl eine defekte Ventildeckeldichtung. Die anfälligen Simmerringe sollten geprüft werden. ATF-Ölwechsel beim Automatikgetriebe.
- Der Schalter für das Schiebedach spinnt. Die Führung des Aschenbechers hakt, der Kleber für eine Türverkleidung löst sich. Bei der Schwellerzierleiste unter der rechten Fondtür ist ein Stück abgebrochen.
- Das nach der Wäsche wieder leuchtende Laserrot braucht eine Politur. Der Audi hat zwar noch TÜV, aber ein zeitnaher Prüftermin sorgt für ein gutes Gewissen.

Vom Reiz des reizlosen Audi

Eher reflexartig als bewusst lege ich die Hand ans Seitenfenster, die sehr korrekten, aber langweiligen steingrauen Stoffpolster sind sauber und ohne Beschädigungen, ich entdecke den Automatikwählhebel, und einen Augenblick später fällt mir auch das Schiebedach auf. Ganz so frugal wie befürchtet kommt der A4 also nicht daher, immerhin verfügt der altbekannte, aber auf einen füllungsfreudigen Querstrom-Zylinderkopf umgebaute Audi-Vierzylinder über 101 PS, das sind elf mehr als beim stets gepriesenen 1,8-Liter-Langpleuelmotor.

Rost entdecke ich wahrhaftig nirgends, nur ein paar Lackabschürfungen an den Stoßfängern. Sie sind ebenso ein Indiz für jahrzehntelangen Rentnerbetrieb wie die 184.002 Kilometer in einem Vierteljahrhundert, was einer Jahresfahrleistung von spärlichen 7360 Kilometern entspricht.

Oben: Der Ölstand steht nur knapp über Minimum. Agip i-Base 15 W-40 schmeckt dem Audi.
Mitte: Das triste Grau des Innenraums hellt Maskottchen Theo auf. Es heißt so wegen des A4-Erstbesitzers Theodor Tanke.
Unten: Die Original-Radkappen gab es für 20 Euro im Container des freundlichen Verwerters.

Vielleicht gibt es noch alle Schlüssel, und die Bordmappe ist prallvoll? Ich habe mich förmlich selbst schon zum Kauf überredet. Ein nettes Auto, ehrlich, aber ein bisschen reizarm, dafür viel billiger und nicht so folgekostenträchtig wie der sma-

Daten & Fakten

Audi A4 1.6, Typ 8D, Baujahr 1995

Motor Typ EA827-ADP, wasser-gekühlter Vierzylinder-Reihenmotor, Bohrung x Hub 81 x 77,4 mm, Hubraum 1595 cm^3, Leistung 101 PS bei 5300/min, max. Drehmoment 140 Nm bei 3800/min, Verdichtung 10,3 : 1, zwei Ventile pro Zylinder, betätigt über eine obenliegende, zahnriemengetriebene Nockenwelle und Hydro-Tassenstößel, Querstrom-Zylinderkopf aus Leichtmetall, Motorblock aus Grauguss, fünf Kurbelwellenlager, elektronische Saugrohreinspritzung und Zündung Bosch Motronic DME, G-Kat D3, Ölinhalt Motor 3,4 Liter

Kraftübertragung Fünfgang-Schaltgetriebe oder Vierstufenautomatik mit Wandler, Frontantrieb

Karosserie und Fahrwerk Selbsttragende Stahlblechkarosserie mit vorderem Hilfsrahmen, vorn McPherson-Federbeine, untere Dreiecksquerlenker, hinten Verbundlenkerachse an Längslenkern und Schraubenfedern, Stabilisator, Servo-Zahnstangenlenkung, Scheibenbremsen vorn und hinten, ABS, Räder 6 J x 15, Reifen 195/65 R 15

Maße und Gewicht Radstand 2615 mm, Länge 4480 mm, Breite 1730 mm, Höhe 1410 mm, Gewicht 1268 kg, Tank 62 Liter

Fahrleistungen und Verbrauch Vmax 191 km/h, Beschl. 0–100 km/h in 13 s, Verbr. 8,6 l/100 km

Bauzeit und Stückzahl A4 8D, 1994 bis 2001: 1.680.989 Exemplare

Die Standzeit hat schmutzige Schlieren auf dem Lack hinterlassen. Nach der Wäsche ist zudem noch eine Politur dringend nötig.

ragdgrüne Audi A8 2.8 Quattro vor ein paar Wochen. Ich klopfe an die Containertür von »Büro 8«, frage den kamerascheuen, aber freundlichen libanesischen Händler höflich nach dem Schlüssel für den Audi A4. Drei baumeln an dem Ring mit dem rosafarbenen Anhänger. »550 Euro ist letzter Preis«, ruft er mir noch nach. Ich darf alleine spielen, mich dem Wagen ganz langsam nähern, ohne gleich mit viel Gas zu starten, was den Händler im Container irritiert: »Springt er nicht an?«, fragt er laut. Ich schreie zurück. »Doch sicher, aber erst will ich ihn so prüfen!«

Es ist keine Prüfung, ich widme mich dem Wagen, wie man sich einem Patienten nähert, fürsorglich und verständnisvoll. Ich prüfe den Ölstand, gieße aus der mitgebrachten Agip-Flasche in der blauen Tasche ordentlich nach, denn er ist nur knapp über Minimum. Die rosa farbene Kühlflüssigkeit schimmert dagegen wie frisch aufgefüllt. Der Motor sieht aus wie ein schwarzes Kästchen, er ist ziemlich ölfeucht, alles um ihn herum ist bestens zugänglich.

Ein gelber Shell-Zettel weist bei 166.391 Kilometer den letzten Ölwechsel aus. Auf den Blech-deckel des Zahnriemens ist ein Hinweis geklebt, der den allfälligen Tausch 2011 bei Kilometerstand 117 892 dokumentiert. Der gerade erst 25 Jahre alte A4 wirkt schon fast wie ein Klassiker, puristisch, zeitlos, reparaturfreundlich, kurz: auf liebenswerte Weise altmodisch. Eben doch ein Audi 80. Ich setze mich ans Lenkrad, fünf klar gezeichnete Instrumente blicken mich an, das Cockpit erinnert mich an den A8, es ist hier so hochfunktionell wie im Flaggschiff, nur entbehrt es jedweder luxuriösen Note.

Ein Griff ins Handschuhfach fördert die Bordmappe zutage, sie ist prall gefüllt, Reparaturrechnungen und letzte TÜV-Berichte, allesamt ohne Mängel. Auch der erste, nun entwertete Kraftfahrzeugbrief steckt in der Plastikmappe mit den vier Ringen. Erstbesitzer ist Theodor Tanke, Jahrgang 1926, er besaß den A4 von 1995 bis 2018, womöglich war es das letzte Auto seines Lebens. Später werde ich das Maskottchen, das naive Fröhlichkeit in die graue Tristesse des sauberen und intakten Audi-Interieurs trägt, Theo nennen.

Ich drehe den Schlüssel herum und fahre ein paar Runden auf dem freien Areal des Besucherparkplatzes. Der brave Vierzylinder startet spontan, seine Hydrostößel klappern nicht, die Vierstufenautomatik schaltet, zumindest bis in den

Worauf Sie beim Audi A4 achten müssen: Rostfreies Blech, solide Technik

Hohe Verarbeitungsqualität in Verbindung mit vollverzinktem Blech macht den robusten Vierzylinder-Audi A4 zu einem beliebten Langzeitauto. Vor allem im Vergleich zur rostanfälligen Mercedes C-Klasse W 202 ist der Audi zum günstigeren Preis geradezu eine Sensation. Typische A4-Schwächen sind überalterte Zahnriemen, undichte Simmerringe an Getriebe und Motorstirnseite, ölende Servolenkungen und Leckagen im Kühlsystem. Auch defekte Antriebswellen-Manschetten kommen vor. Defektanfällig sind auch die elektrischen Antriebe für Fenster und Schiebedach. Die Traggelenke der Vorderachse werden spröde und rissig.

zweiten Gang. Entschlossen strebe ich zum Container »Büro 8«, ich habe ein Bündel Scheine in der Hand wie einen Staffelstab und strecke sie dem verdutzten Händler entgegen: »Fünfhundertfünfzig, zählen Sie nach.«

Ich mache das, was ich immer tue bei einem unvernünftigen Kauf, es hat rituelle Züge, so ergreife ich Besitz von dem Wagen, der vorher einem anderen gehörte. Ich entferne alte Autobahnvignetten, bringe Ordnung ins Bordmappen-Chaos, werfe vergilbte Parkscheine weg. In der Waschbox dusche und schamponiere ich ihn kräftig, meinen neuen alten Wagen, tanke ihn später auf und hänge ihm einen Wunderbaum an den Innenspiegel. Es ist kein ritueller Akt süßlicher Beduftung, sondern seelenhygienischer Desinfektion. Am Frankfurter Ring finde ich bei einem Autoverwerter vier Radkappen. Die ästhetische Demütigung nackter, schwarzer Stahlfelgen konnte ich nicht länger ertragen. Als wir eine Aldi-Filiale passieren, komme ich auf die Idee, ihn Aldi-Audi zu taufen: »Beste Qualität zu bestem Preis.«

So nachhaltig erfrischt gehen wir aufgeräumt auf Reisen, mein Audi und ich. Die Überführungsfahrt bis Ulm ist noch keine Herausforderung. Als ich die Stadt am Autobahnkreisel hinter mir lasse, haben wir uns längst aneinander gewöhnt. Ich weiß, dass sein Schiebedach dem Schalter zum Öffnen nur bedingt gehorcht, es tillt und fährt auf und zu. Längst habe ich bemerkt, dass die vierte Fahrstufe einen Tick zu spät kommt und dass bei Tempo 60 eine leichte Vibration einsetzt. Auf der A8 mute ich dem A4 Tempo 120 zu. Er schafft es, immer noch leise zu sein, und vermittelt mir das Gefühl, da seien noch Reserven, 191 km/h sind maximal drin, man sieht es ihm nicht an.

Zukunft dank Verzinkung

Mein Audi darf vor dem Ziel noch ein paar sonnige Landstraßen-Kilometer unter seine Allwetter-Reifen nehmen. Da kommt sogar ein Hauch Fahrfreude im gar nicht so kurven-unwilligen Frontriebler auf. Das Schiebedach öffnet jetzt endlich in der gewünschten Weite, oben rauschen die Baumwipfel, und die Tankuhr zeigt immer noch »voll« an. Mir wird klar, dass der Basis-Audi, noch ein Jahrzehnt so weitergefahren, ein unerhört nachhaltiges Auto ist. Vor allem dank seiner Rostfreiheit hat es Zukunft. Die paar Schönheitsfehler kriegen wir beide schon noch in den Griff, und sein Laserrot leuchtet nach meiner Schaumwäsche schon wieder fast wie neu.

Der billige Audi A4 erfüllt gehobene Ansprüche, er ist leise und komfortabel. Die Automatik passt gut zum 1.6.

Mit dem 2. fährt man besser

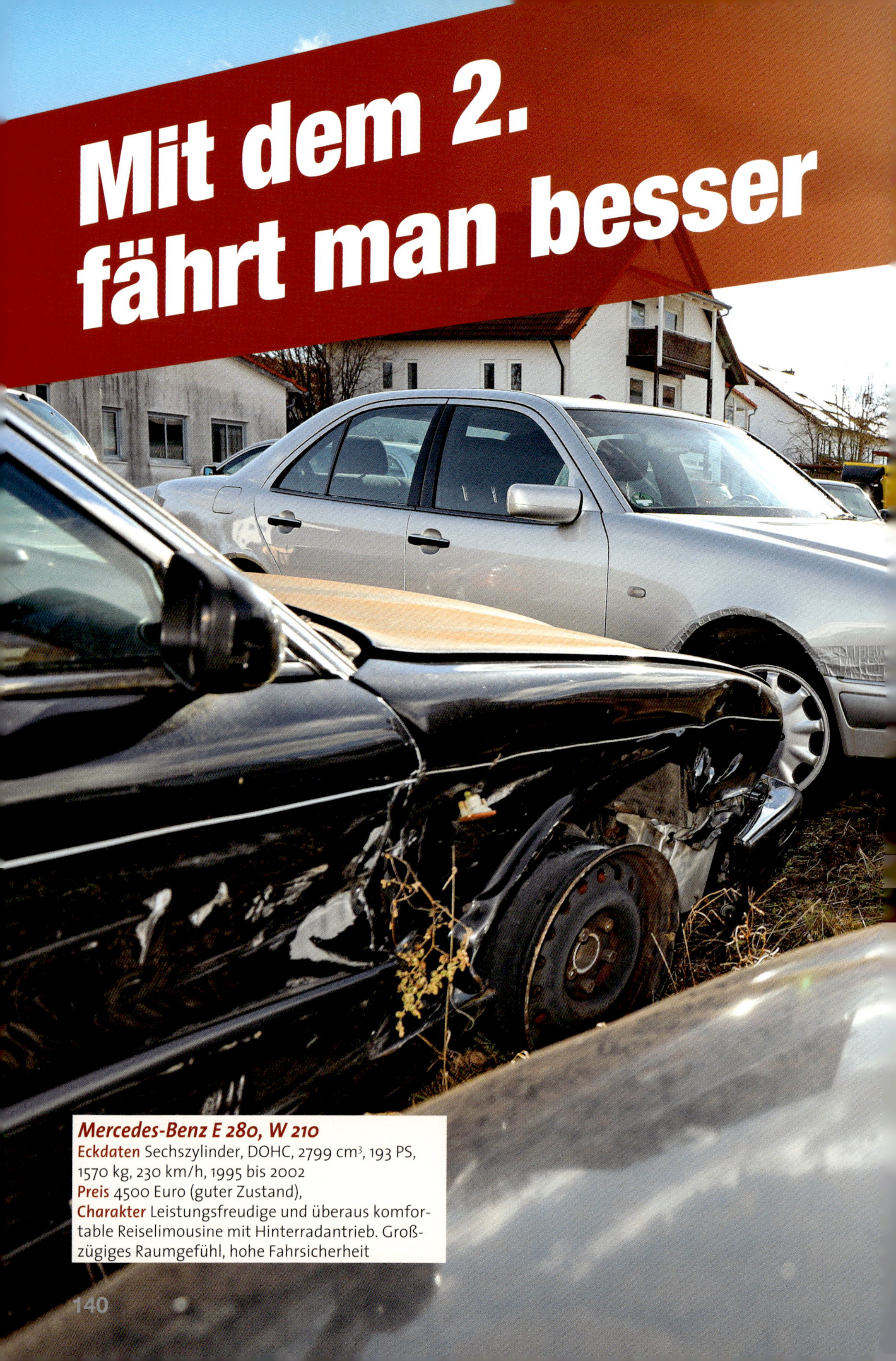

Mercedes-Benz E 280, W 210

Eckdaten Sechszylinder, DOHC, 2799 cm³, 193 PS, 1570 kg, 230 km/h, 1995 bis 2002

Preis 4500 Euro (guter Zustand),

Charakter Leistungsfreudige und überaus komfortable Reiselimousine mit Hinterradantrieb. Großzügiges Raumgefühl, hohe Fahrsicherheit

Der zweite Zweizehner-Kauf in nur einem halben Jahr? Einer rostet doch schon genug. Auch noch das gleiche Modell: E 280. Ist der Cremers jetzt völlig übergeschnappt? Nein! Der Motor macht den Unterschied. Nach dem V6 ist nun einer mit famosem DOHC-Sechser für unglaubliche 790 Euro an der Reihe.

MIT DEM 2. FÄHRT MAN BESSER

Dass sie so billig sind, wird mir zum Verhängnis. Ich fürchte, der Zweite wird nicht der Letzte bleiben. Mehr Auto fürs Geld als bei einer E-Klasse-Limousine der viel geschmähten Baureihe 210 bekommt man nirgends und mehr Rost selten. Meinen ersten W 124-Nachfolger ergatterte ich bereits letztes Jahr für nur 990 Euro, ein stattlicher E 280 Avantgarde V6 mit zartblau getönten Scheiben in ebenso exaltiertem Violan-Metallic, der unvernünftige Kauf aus Youngtimer Heft 7/2020. Er entpuppte sich als erstaunlich rostarm, zumindest an den tragenden Karosserieteilen, hat jetzt TÜV bis November 2022, und seine prollig-bizarren Leichtmetallräder vom indizierten Typ »Alutech Evo Pro 7« vertickte ich bei ebay, um gleich danach originale Avantgarde-Felgen zu ersteigern.

Meine Vorbehalte gegen die gewöhnungs-bedürftige, rundliche Stilistik dieser zweiten E-Klasse, die mich in meinem letzten Aufsatz über den 210er noch viele Zeilen kosteten, sie sind über Nacht verschwunden. Mir gefällt der Wagen. Punkt. Er ist groß, er hat klassische Proportionen bei vorteilhaft kurzen Überhängen, ihm haftet kein neumodisches Design-Chichi an. Vor allem sind es die inneren Werte, die mich für den W 210 einnehmen. Er fährt, vor allem als Sechszylinder mit Automatik, auch mit über 200.000 Kilometern im LCD-Display großartig. Sein wahrhaft galaktisches Raumgefühl sorgt für große Entspanntheit hinter dem lederbezogenen Volant. Instrumententafel und Mittelkonsole erzählen in ihrer verbindlichen Funktionalität vom letzten echten Mercedes ohne weiße Zifferblätter und chrom-gefasste Kaminuhren auf imitiertem Carbon.

Ass im Ärmel: Sechs in Reihe

Rost stört mich nicht wirklich, nicht unter 1000 Euro. Ein verlebter Innenraum ist schlimmer und ein ruckelnder Motor, der schlecht anspringt, die Pest – mit beidem hat man in dieser Preislage zu kämpfen. Den brillantsilbernen Mercedes-Benz E 280 Elegance entdeckte ich zufällig bei meinen ausgedehnten Kiesplatz-Streifzügen. Der Stern vorne noch dran, schöne originale Aluräder, also nicht ganz würdelos in der Erscheinung. Es war trotzdem keine Liebe auf den ersten Blick. Die mit silbernem Panzerband getapten rostwunden Flanken törnten mich ab, als auf dem notdürftig beschrifteten Preisschild hinter der Frontscheibe noch »1390 Euro, EZ 11/1996, TÜV 9/2021« stand. Wenige Wochen später, bei rotumrandeten 990 Euro, erwachte mein Interesse: »E 280« prangte am Heck, ich hoffte inständig, dass es der begehrte Reihen-

Alfs To Do Liste

- An meinem »neuen« Zweizehner funktioniert jedes Komfort-Extra tadellos. Auch der Antrieb wirkt, trotz des hohen Kilometerstands von 272.254, völlig unverbraucht. Gut, das Wischerblatt gehört erneuert, das Handschuhkasten-Schloss ist defekt und mein Becker Avus-Radio wandert in den verlassenen Einbauschacht.
- Für die nächste HU die Bremsen reparieren. Ihre Wirkung ist zwar untadelig, aber die Scheiben zeigen narbigen Rostbefall, die fußbetätigte Feststellbremse litt unter Nichtbenutzung. Die linke Rückleuchte hat einen winzigen Riss.
- Ich entferne das silberne Tape ringsum. Darunter wütet der Rost; ich versuche, das Eisenoxid mit Bordmitteln wie Spachtel und Lackspray in den Griff zu bekommen, notfalls muss geschweißt werden.

Für Farbe und Duft im großen schwarzgrauen »Esszimmer« sorgt Wunderbaum Margarita. So schmeckt auch das Essen noch besser.

Oben: Ein Prachtstück von Motor, viel schöner als der V6. Reihen-Sechser DOHC-24V, Typ M 104, mit 193 PS. Oben, rechts: Mehr Platz im Fond als in einer 126er-S-Klasse. Gepard Charly weiß es zu schätzen. Rechts: Ein Hoch auf die traditionelle Mercedes-Interieurskultur, die der 210 als letzte E-Klasse einbringt.

Sechszylinder ist: der Joker oder das Ass im Ärmel, das ideale Pendant zu meinem V6 gleichen Hubraums. Ich sinnierte und repetierte so vor mich hin: Es stünde bei einem Erwerb des Wagens 204 PS bei 5700/min zu 193 PS bei 5500/min für den V6. Beim Drehmoment ergibt sich beinahe Gleichstand: Beide Motoren bringen es auf 270 Nm. Der skurrile

Daten & Fakten

Mercedes-Benz E 280 Elegance, W 210, Baujahr 1996

Motor Typ M 104, wassergekühlter Sechszylinder-Reihenmotor, vorne längs, Bohrung x Hub 89,9 x 73,5 mm, Hubraum 2799 cm^3, Leistung 193 PS bei 5500/min, maximales Drehm. 270 Nm bei 3750/min, Verdichtung 10 : 1, vier Ventile pro Brennraum, v-förmig angeordnet, betätigt über zwei obenliegende, kettengetriebene Nockenwellen und Hydro-Tassenstößel, Zylinderkopf aus Leichtmetall, Motorblock aus Grauguss, sieben Kurbelwellenlager, elektron. gesteuerte Saugrohr-Benzineinspritzung Bosch HFM, kennfeldgesteuerte Elektronikzündung, G-Kat, Ölinhalt Motor 6,5 l

Kraftübertragung Fünfgang-Schaltgetriebe, a.W. Fünfstufen-Automatik, ASR, Hinterradantrieb

Karosserie und Fahrwerk Selbsttr. Stahlblechkarosserie, vorn Doppelquerlenker-Achse an Hilfsrahmen, Dämpferbeine, Schraubenfedern, hinten Raumlenkerachse mit Quer- und Längslenkern, Zug- und Schubstreben, a.W. hydropneum. Niveauregul., Servo-Zahnstangenlenkung, Scheibenbr., ABS, Räder 7,5J x 16, Reifen 215/55 ZR 16

Maße und Gewicht Radstand 2833mm, L x B x H 4795 x 1799 x 1441 mm, Gew. 1570 kg, Tank 80 l

Fahrleistungen und Verbrauch Vmax 230 km/h, 0–100 km/h in 8,6 s, Verbr. 11,2 Liter auf 100 km

Bauzeit und Stückzahl W 210, 1995–2002: 1.653.437 Exemplare, davon E 280 mit M 104: 69.423 Exemplare

»Hey Leute, der sieht rattig aus, fährt sich aber toll!«

M 112-Dreiventil-V6 im 90-Grad-Winkel bei 3000/min, der Bilderbuch-Sechszylinder M 104 wendet anstrengendere 3750/min auf.

Wieder zurück im Hier und Jetzt, bat ich den kamerascheuen Händler, einen Marokkaner, um den Schlüssel, er murmelte was von »Export für Irak, für Teile«, beschwingt wie in Trance öffnete ich die Motorhaube. Da lag er nun lang und breit vor mir, der prächtige Doppelnocker-Reihensechser mit 24 Ventilen. Er sprang sofort an, innen wirkte der Wagen bis auf den leeren Radioschacht wie neu. Erst zweite Hand, aber stramme 272.254 Kilometer, Bordbuch komplett mit durchgestempeltem Serviceheft, darin liebevolle handschriftliche Eintragungen, alle Schlüssel, da kann ich nicht anders, meine letzten Rost-Sicherungen brennen durch: »Siebenhundertneunzig, wegen der vielen fiesen Tapes«, hörte ich mich sagen.

Der Händler schlug ein, ich zählte ihm 27 Geldscheine vor: »Samstag hole ich ihn ab, Fahrzeugbrief und Bordbuch nehme ich schon mal mit.«

Nun fiebere ich dem Wochenende entgegen, im freudig ausklingenden Kaufrausch erfolgt heute Abend rituelles Neuwagenpreis-Ausrechnen. Neun Extras verschlüsselt die Fahrzeugdatenkarte am Ende des Serviceheftes. Unter anderem liste ich Parameter-Lenkung, Fünfgang-Automatik, Klimaanlage, automatisch abblendenden Innenspiegel und Ausstiegsleuchten auf. Die zehnte Codeziffer 955 steht für das 3450 Mark teure Elegance-Paket mit Wurzelnuss-Tapezierung, auch die markant-schönen 10-Loch-Aluräder gehören dazu. Der Listenpreis für den E 280 betrug 1996 satte 67.390 Mark. Addiere ich die Zahlenkolonne, komme ich auf 77.103,25 Mark, die nun auf flüchtige 790 Euro verdunstet sind.

Worauf Sie beim W 210 achten müssen: Rost gehört zur DNA der E-Klasse

Eines vorneweg: Mein nur ein Jahr jüngerer E 280 V6 Avantgarde zeigt viel weniger Rostbefall als dieser W 210 Elegance von 1996. Er kann mit seiner starken Korrosion an Kotflügeln, Türunterkanten und Radläufen als Paradebeispiel für seine Gattung gelten. Die Stehbleche im Motorraum rund um die Dämpferbeine sind mangels Konservierung oft durchgerostet. Bei dem E 280 Elegance hat es die Teller der Schraubenfedern vorn braun erwischt, ich hoffe, sie sind nicht durch. Es gibt sie als preiswerte Reparaturbleche. Als günstige Einkaufsquelle, gerade für 210er-Parts, bewährte sich der Berliner Händler www.te-taxiteile.com

Außen alt, innen Jahreswagen

Es ist Samstag, und ich sitze, heiter gestimmt, in meinem »neuen« Brillantsilbernen. Es gelingt mir vorzüglich, den »leichten Kantenrost« zu verdrängen. Auf der Landstraße St 2035 zwischen Ingolstadt und Pöttmes zeigt der Tacho stoische 100 km/h, der Drehzahlmesser sanft säuselnde 2400/min in der fünften Fahrstufe. Eine Probefahrt ließ mein euphorisierter Übereifer nicht zu. Ich hole sie jetzt nach, ohne im Mindesten enttäuscht zu sein.

Mir ist in dieser wohlig ausstaffierten Sänfte völlig schleierhaft, wie äußerer Verfall eine solche Perle der Gepflegtheit beherbergen kann, diesen Kontrast empfinde ich als krass. Anlass zum Kritteln gibt nur die Klappe des Handschuhfachs, die nicht mehr schließen will. Richtig warm ums Herz wird mir in dieser üppig aufgepolsterten Atmosphäre der Geborgenheit, die ich an der Tankstelle noch mit Maskottchen Charly, einem naturgetreuen Gepard, und mit Wunderbaum Margarita verdichte. Etwas anderes, W 210-Typisches ist auch die stoische Gelassenheit, mit der vor allem diese E-Klasse hohe Kilometerstände unmerklich wegsteckt. Weit mehr als eine Viertelmillion Kilometer lassen weder den Motor rauchen noch die Automatik rucken. Ich staune über den Antriebskomfort, über die direkte, spielfreie Zahnstangenlenkung und über das straffe Fahrwerk. Klar, subjektiv gefällt mir mein zweiter W 210 besser als der erste, unsere Liaison steckt noch in der Maienblüte, während »Violan« mit mir bereits den unromantischen Alltag einer kostspielig abzuarbeitenden TÜV-Mängelliste durchschritt. Warum ist er besser?

Eigentlich herrscht bei den Motoreigenschaften zwischen V6 und Reihen-Sechser unentschieden. Aber mein technophiles Gefühl will es verdammt noch mal nicht wahrhaben. Die sophistische Konstruktion des viel imposanteren M 104 ohne die Prothesen Ausgleichswelle und Doppelzündung, mit vier symmetrischen Ventilen direkt unter den Tassenstößeln und sieben statt vier Kurbelwellenlagern – das muss doch einfach besser sein. Elf V6-PS mehr verhageln mir mein Plädoyer. Dabei muss ich vor Skeptikern gleich das nächste halten: Warum man diesen 210er nicht schrotten oder schlachten darf, weil doch sein Kern praktisch neu ist? Als rebellischen Akt gegen diesen ruchbaren Frevel ersteigere ich gleich nach der Ankunft zu Hause das Radio »MB-Spezial-RDS«, es wird das Provisorium Becker Avus ersetzen, damit die Datenkarte wieder stimmt.

Aus manchen Perspektiven wirkt mein getapter 210er wie ein »Leukoplastbomber«.

Alles außer Leder

BMW 323i, Typ E46/4
Eckdaten Sechszyl., DOHC-24V, 2494 cm³, 170 PS, 1485 kg, 230 km/h, 1998 bis 2000
Preis 4900 Euro (guter Zustand),
Charakter Limousine mit sportlichem Touch und luxuriösem Ambiente, dank üppiger Ausstattung. Motor und Fahrwerk setzten einst Maßstäbe.

Überwältigende 36 Extras hält dieser unscheinbare 323i für nur 1290 Euro bereit. Obendrein trägt er noch die magische Typenbezeichnung des E21 aus den Siebzigern, obwohl er über 2,5 Liter Hubraum verfügt. Kurzerhand wird der Luxus-Dreier eingetütet, der neu 82.356 Mark gekostet hat. Selbst wenn der Tacho 296.717 Kilometer zeigt.

Nein, eine Anhängerkupplung wollte ich nicht geschenkt, auch nicht mit abnehmbarem Kugelkopf. Eine Standheizung, schwer, klobig und im Alter problematisch, konnte ich noch nie ausstehen. Sonst hat dieser titansilberne BMW 323i, mit dem ich nach eher symbolischer Zahlung von unverhandelbaren 1290 Euro gleich vom Kiesplatz des Ingolstädter Kiesplatzhändlers fahren werde, alles, was ich will, und noch viel mehr – außer Leder, leider.

Hätte der Erstbesitzer im September 2000 doch noch 4460 Mark mehr in »Exclusivleder Nappa Anthrazit« investiert, ich wäre wunschlos glücklich. So bin ich es nur fast, aber das ist grob undankbar! Es gibt genügend Gründe, froh zu sein, genauer gesagt 36, über diesen paradiesischen Überfluss kostspieliger Spielereien, von denen mir die Fünfstufen-Automatik »Steptronic«, das elektrische Glasschiebedach, das Edelholzdekor »Nusswurzel«, der Sechsfach-CD-Wechsler und die Xenon-Scheinwerfer die liebsten sind.

Pro Monat TÜV 100 Euro

Nein, dieser schnuckelige 3er-BMW ist nicht vom Rost gezeichnet, wie so manche meiner unvernünftigen Käufe. Nur an den Radläufen ein wenig von Korrosion gestreift. Aber er hat noch 13 Monate TÜV, und der letzte Mängelbericht sieht nicht so aus, als ob mich demnächst die Hinterachse überholen würde. Händler Murat Öner, der nicht aufs Bild möchte, freut sich, dass ich bereits die roten Kennzeichen montiere. »Der Motor ist zu groß, einen 323i kennt keiner, und Automatik ist bei kleinen BMW nicht gefragt. Außerdem haben die Leute Angst vor den fast 300.000, trotz der vielen Stempel im Heft.« Öner hält sich dabei strikt an den üblichen Verzweiflungstarif für Händler, der beträgt 100 Euro pro Monat TÜV. Klein finde ich den E46 gar nicht mehr, die Breite von 1739 mm ist durchaus repräsentativ und übertrifft gar die des Mercedes W 124, und der langbeinige Radstand von 2720 mm liegt nur ganz knapp unter dem eines ausgewachsenen 5er-BMW vom Typ E34.

Das Prachtstück mit der Super-Ausstattung ist für mich gefühlt ein Neuwagen von 2000. Dennoch ein ganz wichtiger Punkt auf meiner Agenda: Die weißen Blinker müssen weg.

Oben: Innen wird das Füllhorn der Extras sofort sichtbar. So steht S438 für Edelholzfurnier Nusswurzel. Das Lenkrad beherbergt den Tempomaten, die Mittelkonsole das Navigationssystem.
Rechts: Der Sechszylinder M52 bietet Laufkultur, Elastizität und Leistung aus 2,5 Litern Hubraum.

Der hohe Kilometerstand macht mir nichts aus, der famose Sechszylinder mit den zwei obenliegenden Nockenwellen, der für mich gerade in der nur kurz gebauten Mythos-Variante 323i interessant ist, lief auf den vielen Kiesplatzschleifen bis zur Betriebstemperatur sanft und ausgeglichen ohne Blaurauch und ohne Kettengerassel. Beim Kühlwasser und Motoröl stimmte vor dem Start bereits alles: Stand, Farbe und Geruch. Eine gewisse Sensibilität um den Zylinderkopf ist auch diesem hoch entwickelten 24-Ventiler noch geblieben.

Lieber Hubraum statt Vanos

Das Mordstrumm von Sechszylinder-Reihenmotor passt nur mit ein paar Kunstgriffen in den recht geräumigen 3er-Motorraum, weil er aus Gründen der optimalen Gewichtsverteilung nahe an die Spritzwand gerückt wurde. Der Leichtmetallblock ist beim M52 neu gegenüber dem konstruktiv gleichen Vorgängermotor M50. Ich fahre ihn in meinem kaschmirbeigen 92er-BMW 520i E34 auch mit Fünfgang-Automatik, den ich für 690 Euro in Youngtimer Heft 1/2020 natürlich unvernünftig gekauft habe. Doch diesmal will ich dem säuseligen Gezärtel des Zweiliters entkommen, dem es an Biss fehlt, also bitte keinen 320i! Das Doping-Mittel Vanos gab es damals noch nicht. Doch viel wichtiger als dieses Ingenieurs-Placebo ist der satte Drehmoment-Kick von 500 Kubik mehr Hubraum. Da steht es dann 245 Nm bei 3500/min zu 190 Nm bei 4700/min.

Alfs To Do Liste

- Es stört ungemein, dass beim BMW E46 die Innenseiten von Motor- und Kofferraum nur grundiert sind. Nachbessern mit Titansilber-Metallic, Code 354, plus Klarlack tut not.
- Rost an den Radläufen hinten beseitigen. Auch am Übergang von den Radläufen zu den Schwellern hat sich Korrosion bereits eingenistet. Die zu schmächtigen Aluräder »Doppelspeiche 98« in 6,5 J x 15 müssen den originalen »Sternspeiche 44« in 8 J X 17 nach Datenkarte weichen.
- Die weißen Blinkergehäuse gehören zwar zur Auslieferung des Wagens (S785) werden aber trotzdem durch orange ersetzt. Originales Nokia-Handy 3110 für das »BMW-Kommu-nikationssystem« muss besorgt werden.

Heimlich freue ich mich über die überwältigenden 36 Extras meines unscheinbaren 323i.

Ich bilde mir ein, diesen deutlich satteren Schub schon zu spüren, während ich mit kräftigem Gasgeben den Kiesplatz verlasse, um mich in den sehr lebendigen Verkehr der Ausfallstraße einzuordnen. Die Traktionskontrolle ASC+T verhindert das Durchdrehen der Antriebsräder auf dem losen Grund. Während ich es mir mit der elektrischen Sitzverstellung in meiner First-Class-3er-Lounge so richtig gemütlich mache, steuere ich eine Tankstelle an, um mich für den 140 Kilometer langen Heimweg zu rüsten. Bei der Gelegenheit freuen sich die noch gut profilierten Falken Eurowinter HS 439 über pralle 2,5 bar Luftdruck. Die »Reifendruck Control« (RDC) schlug

Worauf Sie beim 3er E46 achten müssen: Labile Bleche und Rost

Es klingt absurd, ist aber wahr: Die Bleche aus zu sprödem hochfestem Stahl um die aufwendige Zentralgelenkachse samt Hilfsrahmen können reißen. Dieser Mangel trat bis September 2001 auf. Defekte E46 wurden meist über eine BMW-Rückrufaktion instandgesetzt. Trotzdem sollte ein Hebebühnen-Check der verwindungsfreudigen Region sein.

Rost tritt beim E46 selten an tragenden Profilen auf, dafür aber an vielen exponierten Karosseriepartien. Schuld ist die stark streuende und oft mangelnde Lackierqualität bis 2002. Vergilbte, matte Scheinwerfer sind ärgerlich, rasch verschleißende Fahrwerksbuchsen der Aluminium-Lenker ebenfalls. Bei den Motoren gibt es Probleme mit dem Kühlsystem und mit der elektronisch-hydraulischen Vanos-Nockenwellenverstellung.

bereits Alarm. Leider besitzt mein fully-loaded-E46 das Extra S226, also die »sportliche Fahrwerksabstimmung«, die mit einer Tieferlegung von acht Millimetern einhergeht. Deshalb muss ich unbedingt die einst ausgelieferte »Sternspeiche 44« (S290) im Brachial-Format 8 x 17 Zoll nachrüsten, für meinen Geschmack viel zu breit, aber nur so stimmt die Optik wieder.

Es zieht sich noch bis zur Autobahn A 8, erst B 16, dann B 2. Bei den Überholmanövern der vielen Lastwagen fällt mir das überschäumende Temperament des kraftvollen Motors auf, der nur noch vom 328i mit 193 PS und vom 330d mit 184 PS übertroffen wurde. Als langsam die Dämmerung einsetzt, lerne ich die überlegene Reichweite des Xenon-Lichts kennen und wundere mich über den automatisch abblendenden Innenspiegel. Bewusstseinserweiternd wirkt der 22 Jahre alte 323i auf mich.

Es scheint, als wäre ich auch dank Parktronic, Regensensor und Navigationssystem in der automobilen Gegenwart angekommen. Relativ komfortabel fährt sich mein gefühlter Neuwagen, trotz der Sportsitze und des Sportfahrwerks ist er beileibe kein Härtefall. Erfreulicherweise kompensiert er die sportliche Note mit luxuriösem Ambiente. Neid wird mich trotz der Beinahe-Vollausstattung erfüllen, denn jeder 316i mit Lederpolstern lässt mich künftig verzweifeln. Ich werde bei eBay in »Exclusivleder Nappa Anthrazit« investieren müssen, um des lieben Seelenfriedens willen. Chaotisch würde die Umrüstung ausfallen, samt der Stellmotoren und der Türverkleidungen, aber sie wäre auch charmant: Erst dann hätte ich wirklich den schönsten billigen E46 der Republik mit allen Extras.

Die E46-Designer Chris Bangle und Jan Hettler setzten auf langen Radstand und beste Aerodynamik.

Koreanische Operette

Ein Schuss Jaguar S-Type, garniert mit einer guten Portion Mercedes E-Klasse W 210, und schon blickt die seltsame Kreation Kia Opirus treu aus ihrem Vieraugengesicht. So als wollte die luxuriöse Limousine sagen: »Bin ich nicht schön?« oder: »Findest du mich begehrenswert?«

Kia Opirus

Motor	V6, 3497 cm³
Leistung	203 PS
Gewicht	1820 kg
Vmax	220 km/h
Bauzeit	2003–2010
Preis*	4000 Euro

Man ist geneigt, ihr in höflicher Verlegenheit zu antworten: »Eigentlich ja.« Auch das Interieur mit Edelholz und feinem Leder ahmt den S-Type nach. Der Opirus biedert sich an, er kopiert und mischt die Stilelemente nobler Traditionsmarken wie einst der Lexus LS 400.

Der, Pardon, Kopirus ist ein Epigone. Er versteckt sich hinter der schlechten Interpretation einer Mercedes-Kühler-Attrappe und sieht aus wie ein Stuttgarter Erlkönig. Genau das macht ihn klein und verleitet zum Underdog. Mehr Sachlichkeit im Design würde die Aufmerksamkeit viel eher auf seine eindrucksvollen inneren Werte lenken: Sein 3,5-Liter-V6-Motor mit vier Nockenwellen, 24 Ventilen und 203 PS ist ebenso laufruhig wie leistungsfreudig. Das Zahnriemen-Triebwerk hat einen Zylinderwinkel von 60 Grad und ist auch in diesem Punkt mitnichten eine Kopie des Mercedes M 112.

Es harmoniert dank eines Drehmoments von fast 300 Nm sehr gut mit der Fünfstufenautomatik. Der Opirus-Radstand von 2,80 Metern gilt für einen Fronttriebler mit Quermotor als bemerkenswert üppig, die aufwendige Multilink-Hinterachse ist absolut »State of the Art« und sorgt für hohen Fahrkomfort und gute Straßenlage. Vorne kommt eine robuste Doppelquerlenker-Konstruktion zum Einsatz. Nichts wirkt schlecht oder gar drittklassig am Kia Opirus, sein hohes Gewicht von respektablen 1820 kg ist ein echtes Qualitätsindiz. Trotzdem braucht er mutige Leute, die ihn begehrenswert finden oder gar cool wegen seines gar so bizarren Designs.

Innen präsentiert sich der Opirus nobel und klassisch, einmal mehr nach S-Type-Vorbild. Die Fahreigenschaften sind tadellos.

Vom Winde verweht

Machen wir uns nichts vor: Der Vento ist trotz seines schicken italienischen Namens, der buchstäblich frischen Wind ins verstaubte Altherrenimage wehen sollte, ein Jetta geblieben. Denn das genetische Handicap des unorganisch draufgesetzten Kofferraum-Rucksacks schleppt auch er mit sich rum.

VW Vento 1.8 GLX

Motor	R4, 1781 cm^3
Leistung	90 PS
Gewicht	1105 kg
Vmax	178 km/h
Bauzeit	1992–1998
Preis*	2000 Euro

Der Jetta III, pardon Vento, basiert voll und ganz auf der dritten VW-Golf-Baureihe. Die Motorenpalette des Vento ist groß, sie reicht vom Saugdiesel mit kargen 64 PS bis zum temperamentvollen VR6 mit 174 PS.

Diese verkannte Understatement-Sportlimousine könnte Fahranfänger jedoch überfordern. Deshalb empfehlen wir Novizen am Lenkrad den fast wartungsfreien und robusten Langpleuelmotor mit 1,8 Litern Hubraum und 90 PS. Er ist ein Freiläufer, dem selbst ein überspringender oder reißender Zahnriemen nichts anhaben kann. Außerdem läuft er so klaglos elastisch, dass von den fünf Gängen drei immer irgendwie passen, im Übrigen ist der Automatikanteil hoch. Für entspannte Autobahnetappen zu viert zum Rockfestival oder zum Campingplatz hat der kommode Fronttriebler genügend Leistungsreserven. Und in den Rucksack hinten lässt sich eine Zeltausrüstung mit Proviant für vier Wochen versenken, das packt ein Golf nur als Zweisitzer.

Der Vento ist genügsam, er braucht nur acht Liter, Reparaturen erledigt preiswert die freie Werkstatt. Seine Anschaffung übersteigt nur im

Topzustand die 2000-Euro-Grenze. Die obligate Rentnervergangenheit bürgt für geringen Kilometerstand und ein behütetes Garagendasein. Doch gelten die ersten beiden Baujahre als rostanfällig wegen der Lopez-Qualitätskrise. Danach avancierte der Vento zum TÜV-Musterknaben. Und wer jetzt noch beim Image zuckt, dem sei gesagt, dass noch so ziemlich jede Spießerkarre irgendwann zum Kultauto wurde – siehe Jetta.

Den VW Vento gab es auch in dieser sportiven VR6-Variante mit 174 PS. Die Jetta-Gene sind im Design unverkennbar. Fahranfängern sei eher die 1,8 Liter-Variante mit 90 PS empfohlen.

Der XJ im Casual Look

So ein Jaguar XJ6, ganz gleich aus welcher Baureihe, ist wie ein Sonntagsanzug. Man passt auf ihn auf, gibt ihn zeitig zum Bügeln in die Reinigung und möchte ihn möglichst lange tragen, denn er war nicht billig. Ein X-Type, die stilvolle Miniatur des XJ6, gibt dagegen das Polohemd mit Chinohose.

Jaguar X-Type 3.0 V6 Executive

Motor	V6, 2967 cm³
Leistung	230 PS
Gewicht	1590 kg
Vmax	245 km/h
Bauzeit	2001–2009
Preis*	5000 Euro

Diese preiswerte und strapazierfähige Allzweck-Kombination sorgt dafür, dass man stets korrekt angezogen ist – ob Restaurantbesuch oder Waldspaziergang. Während mir der viel beliebtere, rundliche S-Type ein wenig zu retro-manieriert, sprich: zu gewollt Mk 2, geriet, spricht mich der kantige X-Type, der intern X400 heißt, formal sehr an. Er folgt britischem Understatement, ohne unscheinbar zu wirken. Jaguar-Chefdesigner Geoff Lawson gelang ein eleganter und kraftvoller Karosseriekörper mit einem passablen cW-Wert von 0,33.

Das gemeine Volk traut dem X-Type trotz Allradantrieb, leistungsfähigem V6-Motor mit vier Nockenwellen und des stilvollen Leder-Interieurs mit viel Holz und vier Rundinstrumenten nichts zu: »Kinder-Jaguar« heißt es hämisch, dabei geriet der Radstand mit 2710 Millimetern für einen Quermotor-Wagen üppig. Die Preise lagen lange Zeit am Boden, schon ab 1200 Euro gibt es gute X-Type mit dem 196 PS starken 2,5-Liter-V6. Der technisch unbegründete Loser-Ruf liegt an der »schnöden« Mondeo-Mk-3-Plattform: Sie sorgt für ein standesgemäßes Fahrwerk mit Multilink-Hinterachse. Den permanenten Allradantrieb steuerte Land Rover bei. Die Summe kann sich sehen lassen. Der X-Type 3.0 V6 ist ein komfortables, fahraktives und traktionsfreudiges Auto mit leisem und kraftvollem Motor. Dank Verzinkung ist Rost kein Problem, auch das macht ihn so sorglos casual. Ob Alltag, Winter oder beides – den X-Type muss man nicht in Watte packen wie einen XJ6, er verträgt wirklich was.

Das Design im XJ-Style kam bei den Kunden gut an. Mit 349.656 Stück war der X-Type aus Halewood der erfolgreichste Jaguar aller Zeiten.

Der Korea-Commodore

Das waren noch Zeiten, als Opel mit dem Commodore C Berlina viel Auto fürs Geld bot: einen Bürgermeister für Besserverdienende mit bulligem 2,5-Liter-Sechszylinder, Servolenkung und Plüschausstattung.

Chevrolet Epica 2.5 LT

Motor	R6, 2492 cm^3
Leistung	150 PS
Gewicht	1570 kg
Vmax	211 km/h
Bauzeit	2006–2011
Preis*	2900 Euro

Die Dreistufenautomatik wurde samt Blaupunkt Köln von der reifen Klientel gerne mitgeordert, sie machte das Fahren im Offiziers-Rekord erst recht zur runden Sache. Ein echter Gleiter auf starrachsiger, gut geführter Hinterhand.

Daewoo in Korea gehört seit 2002 wie einst Opel zu GM, der spröde Name wurde in das bestens eingeführte Chevrolet-Logo umgewandelt. Unser behaglicher Commodore feierte 2006 seine verkannte, frontgetriebene Wiedergeburt als Chevrolet Epica. Ich weiß, er ist selbst für einen Youngtimer ein bisschen arg jung, aber ich musste ihn einfach nehmen, als es darum ging, Koreaner zu empfehlen. Schließlich liegen die Parallelen zum Commodore C auf der Hand: ein 2,5-Liter-Reihensechszylinder, aber quer eingebaut in moderner Interpretation mit zwei Nockenwellen und 24 Ventilen. Eine geräumige, luxuriös ausgestattete Karosserie mit fast identischem Radstand von 2,70 Metern. Nur wurde aus Mohair-Velours echtes Leder. Mit 150 PS fühlt sich der Epica wuchtig an, dank der Fünfstufenautomatik entsteht der erfreuliche Eindruck üppiger Motorisierung. Nie werde ich eine Reise im Epica von Duisburg nach Ulm vergessen, 512 entspannte Kilometer wie einst im karneolroten Commodore C meines Freundes Rolf. Kein Mensch traut dem scheinbar faden und ziemlich imagelosen Chevy diese inneren Werte zu. Nichts wirkt billig an dem Wagen bis auf den Kühlergrill und die profanen vorderen Antriebswellen. Ich werde warten, bis er noch eine Zeit lang abhängt und auf 800 Euro sinkt, dann werde ich ihn, den hedonistischen Epikureer, aus Überzeugung unvernünftig kaufen!

Das Heck des Braven zitiert den bösen Nissan Skyline GTR. Seine Hinterachse ist nicht starr, sie geriet in Multilink-Manier.

Der Haifisch aus Honshu

Mitsubishi ist ein japanischer Großkonzern, dessen industrielle Kompetenz vom Schiffbau über Flugzeuge, Kraftwerke und Klimaanlagen bis hin zu Thunfischkonserven reicht. Auch sie schmückt das Markenzeichen der drei roten Diamanten.

Mitsubishi Sigma 3.0 V6

Motor	V6, 2972 cm^3
Leistung	177 PS
Gewicht	1420 kg
Vmax	225 km/h
Bauzeit	1990–1996
Preis*	3500 Euro

Rund um die japanische Hauptinsel Honshu gibt es noch reichliche Vorkommen des »Tuna«, wie er auf Lateinisch schlicht heißt. Der Sigma, einstiges Topmodell der Autosparte Mitsubishi Motors, erinnert dagegen wegen seiner ausgeprägten Frontpartie eher an einen Haifisch, sein böser Doppelscheinwerfer-Blick passt perfekt dazu, und seine muskulöse Gestalt hält, was die Motorleistung des attraktiven Dreiliter-Zahnriemen-V6 mit 177 PS verspricht. Das OHC-Triebwerk wuchtet stattliche 251 Nm auf die vierfach gelagerte Kurbelwelle. Es bedarf also schon eines Mercedes 300 E meiner geliebten W-124-Baureihe, um dem Sigma Paroli zu bieten, für mich ist der große Mitsubishi trotz Quermotor und Frontantrieb eine echte Alternative zum omnipräsenten und allseits verehrten Mercedes-Volumenmodell, das 2024 den 40. Geburtstag feiert.

Der Sigma ist mindestens so solide verarbeitet wie der Benz, nur weit rostresistenter, und er stützt sich ebenfalls auf eine ingeniöse Multilink-Hinterachse. Er wirkt vor allem dank größerer Breite stattlicher. Innen zeigt er sich weit geräumiger, und er kostet gar nur die Hälfte eines vergleichbar guten 260 E. Hätten die drei Diamanten noch einen Kreis drum herum, würden sie zum Stern mutieren. Denn auch für Mitsubishis Kompetenz gilt: Zu Lande, zu Wasser und in der Luft.

Der Sigma ist so auffällig unauffällig, dass die Münchener Polizei ihn als zivilen Streifenwagen nutzte, erkennbar nur an der Kelle in der Türtasche. Allerdings war es die High-Performance-Version mit dem 205 PS starken DOHC-24V-Motor.

Der attraktive Mitsubishi-Motor, ein zahnriemengetriebener OHC-V6, erinnert an den vergleichbaren Busso-V6 von Alfa.

Kombinations-kraftwagen

Ob für Urlaub oder Großeinkauf: Ein Kombi ist für Pragmatiker stets erste Wahl. Volvo lieferte nicht totzukriegende Dauerläufer mit betörender Sachlichkeit, die anschaulich demonstrieren, dass auch nach 300.000 Kilometern noch lange nicht Schluss sein muss. Wer den Kombi-Lifestyle dagegen mit gediegenem Understatement kombinieren möchte, sollte lieber zum Mercedes T-Modell oder gleich zum exotischen Rover Shooting Brake greifen.

TAKE Five

Zehn Jahre nach meinem Audi 200 Quattro will ich mich wieder am rauchig-herben Fünfzylinder-Sound erfreuen. Also nutze ich die momentan billigste Möglichkeit, ein solch klangvolles Triebwerk zu erwerben. Für 798 Euro nehme ich den gepflegten Volvo V70 trotz seiner 359.330 Kilometer gleich mit.

Volvo V70 2.4 20V
Eckdaten Fünfzylinder-Reihenmotor, 2435 cm^3, 170 PS, 1470 kg, 210 km/h, 1996 bis 2000
Preis 2500 Euro (guter Zustand),
Charakter Frontantriebs-Kombi mit luxuriöser Note. Liebenswert kantiges Design, temperamentvoller und langlebiger Fünfzylindermotor .

Andere fahren weit weg in Urlaub, ich gönne mir für das Geld stattdessen spaßeshalber mal wieder einen »neuen« Youngtimer. Mit ihm möchte ich die Ferien in Bayern verbringen. Da wäre ein Kombi praktisch, am besten ein Volvo, denn der gilt nun einmal als Inbegriff des Kombinationskraftwagens. Er hält lange, ist kaum rostanfällig und weckt in mir jene Sympathie, ohne die der unvernünftige Kauf einfach nicht funktioniert. Auto und Urlaubsland liegen bei mir vor der Haustür, denn ich wohne an der Grenze zwischen Bayern und Baden-Württemberg, und in meiner Kleinstadt parkt ganz weit hinter dem hohen Zaun des Gebrauchtwagenhandels Stop Automobile ein leuchtend roter Volvo 850 oder V70. Einige Wochen gelang es mir, den Wagen erfolgreich auszublenden, jetzt habe ich Lust darauf und will ihn mir näher ansehen.

»Stop« bedeutet für mich »Go!«. Denn der Volvo-Kombi entpuppt sich auf dem Kiesplatz als später V70 der ersten Serie in der wunderbaren Farbe Garnet Red, also Granatrot-Metallic. Er lockt mit dem starken 170-PS-Fünfzylinder-Sauger, der sein üppiges Durchzugsvermögen über eine von mir ausdrücklich gewünschte Viergangautomatik an die Vorderräder abgibt. Er wirbt noch mit einem Rest-TÜV von drei Monaten, und die Laufleistung beträgt stolze 359.330 Kilometer. Dafür sieht der Wagen sehr gepflegt aus – okay, es gibt ein paar Schrammen, ein Rostgeschwür über dem Kühlergrill mit dem hübschen blauen Volvo-Emblem und einen übel geflickten Heckwischerarm.

Auf dem akkurat ausgedruckten Preisschild steht am Ende einer überschaubaren Liste der Extras – »vier Winterräder auf Alus, Tempomat, AHK, Original-Radio« – mit dickem Edding-Stift geschrieben: »798 Euro«. Ein Preis, der mich so euphorisch macht wie ein Adrenalinschub. Jetzt nur die Nerven behalten, brav nach dem Schlüssel fragen und die Checkliste im leider nicht mehr kühlen Kopf sorgfältig durchgehen. Michael Huste, der mehr als freundliche Inhaber von Stop Automobile, überreicht mir tief entspannt den Schlüssel und gibt mir zum Probieren und Beschnuppern alle Zeit der Welt.

Also erst mal Motorhaube öffnen. Motoröl, Öldeckel und Kühlwasser sehen bestens aus. Keine Spur von einer wunden Zylinderkopfdichtung, dem von mir gefürchteten Horrorszenario in meinen spannenden Billigauto-Krimis. Den letzten Zahnriemenwechsel erfuhr der Volvo V70 laut Conti-Tech-Aufkleber im November 2012 bei 253.056 Kilometer, auch das beruhigt. Im Motorraum tauchen noch ein paar Ölwechselaufkleber auf, später lese ich in der erfreulich kompletten Servicemappe von vielen Kundendiensten und von vier Vorbesitzern.

Innen ist der Volvo nicht ganz so schön, fiese, abgewetzte Lammfell-Schonbezüge kleistern das beige Velours der Vordersitze zu. Unter einem strumpfartigen Überzieher kommt eine abgewetzte Armlehne zum Vorschein, aber sonst wirkt alles gleichermaßen funktionell wie behaglich mit den feinen Edelholz-Applikationen auf der

Der sachliche Charme eines Playmobil-Autos macht den V70 so begehrenswert.

Aufräumen vor dem Einsteigen ist nötig. Raus mit den Winter-Alurädern und den billigen Sonnenrollos. Im Fond wohnt ein Frosch. Das Lackspray ist fürs Auto und nicht für die Wand. Das Bordbuch ist erfreulicherweise komplett.

Mittelkonsole, wo der Christophorus fehlt, den ich unbedingt nachrüsten will.

Läuft gut, innen sauber!

Zwei störungsfreie Runden ohne Hydrostößel-Geklapper über den großen Kiesplatz überzeugen mich vollends von dem schönen V70. Der Fünfzylinder grummelt mit herber Whisky-Stimme aufgewühlt vor sich hin. Rasch hüpfe ich in den Büro-Container, zähle 800 Euro vor und unterschreibe. Erste Schritte zur Individualisierung unter neuer Halterflagge werden noch vor Ort unternommen: Weg mit den albernen Rollos an der Heckscheibe,

Alfs To Do Liste

- Dicke Rostblase über dem Kühlergrill behutsam sanieren: gegebenenfalls spachteln, schleifen und mitsamt der Stoßfängerecken mit Volvo Garnet Red Metallic, Code 428-26, lackieren. Lüftungsgitter rechts in den Stoßfänger einbauen
- Motorkontrollleuchte zeigt Fehler an – auslesen. Ölwechsel Motor und Automatikgetriebe, Anhängerkupplung ausbauen, Heckwischerarm und alle drei Wischerblätter erneuern
- Interieur aufbereiten, klappbare Armlehne auf Mittelkonsole durch Gebrauchtteil ersetzen, aufgeriffelten Fahrersicherheitsgurt ersetzen, intensive Lackpflege betreiben
- Leichtmetallräder gründlich säubern und konservieren, Klimaanlage prüfen und ggf. neu befüllen. Beim TÜV zur HU vorfahren, eventuell monierte Mängel beseitigen

Ein erster Blick unter die Motorhaube: Motoröl, Öldeckel und Kühlwasser sehen bestens aus. Keine Spur von einer wunden Zylinderkopfdichtung.

Daten & Fakten

Volvo V70 2.4 20V, Typ L, Baujahr 1998

Motor Typ B5254FS, wassergekühlter Fünfzylinder-Reihenmotor, vorn quer, Bohrung x Hub 83 x 90 mm, Hubraum 2435 cm^3, Leistung 170 PS bei 6100/min, max. Drehm. 220 Nm bei 4700/min, Verdichtung 10,3 : 1, vier Ventile pro Brennraum, betätigt über zwei obenliegende zahnriemengetriebene Nockenwellen und Tassenstößel mit hydr. Ventilspielausgleich, Zylinderkopf und Block aus Leichtmetall, sechs Kurbelwellenlager, elektron. Einspritzung Bosch LH-Jetronic, kennfeldgest. Elektronikzündung, G-Kat, Euro 3, Ölinh. Motor 5,3 l

Kraftübertragung Fünfgang-Schaltgetriebe, a. W. ZF-Viergang-automatik, Vorderradantrieb

Karosserie und Fahrwerk Selbsttr. Stahlblechkarosserie, teilverzinkt, cW 0,32, vorn Hilfsrahmen mit Dreiecksquerlenkern und McPherson-Federbeinen, hinten Mehrlenkerachse, Längs- und Querlenker, Schraubenfed., Gasdruckdämpfer, Servo-Zahnstangenlenkung, Scheibenbr., ABS, Aluräder 6,5 J x 15, Reifen 195/60 VR 15

Maße und Gewicht Radstand 2660 mm, L x B x H 4720 x 1760 x 1430 mm, Spur 1520/1470 mm, Gewicht 1470 kg, Tank 70 Liter

Fahrleistungen und Verbrauch Vmax 210 km/h, 0–100 km/h in 8,9 s, Verbrauch 11,5 l/100 km/h

Bauzeit und Stückzahl Volvo V70 1996–2000: 319.832 Exemplare

das billige Nylon-Hundegitter fliegt auch raus, und vor allem landen die unhygienischen Staubfänger-Lammfelle schließlich mit Verve im Gelben Sack. Fort mit dem fiesen Zeug! So, jetzt noch waschen und staubsaugen, und mein strahlend sonniger Urlaubstag im glänzenden »neuen« Wagen kann beginnen. Unterwegs besorge ich im Autoteileladen Stahlgruber noch ein neues Heckwischerblatt und eine große Dose Metallic-Lackspray Rot von Dupli-Color, das tatsächlich verdammt nahe am Volvo-Farbton Garnet Red 428 liegt. Nach dem Volltanken an einer OMV-Station lacht mich Paul an, ein quietsch-grüner Plüschfrosch, der die Tristesse aus meinen monochrom beigen Polstern treiben soll. Dazu gibt es noch den Wunderbaum »Kokosnuss« von der Tanke. Diesmal ist er nicht nur unverzichtbares Stilmittel des unvernünftigen Kaufs, sondern hat auch die handfeste Aufgabe, meinem Kombi die unangenehm rauchige Duftnote »Kalter Samson« auszutreiben.

Bislang bin ich auf den Boulevards der Donau-Großstadt Ulm über 70 km/h in der vierten Fahrstufe nicht hinausgekommen. Die Temperatur bleibt trotz Sommerhitze auch beim Ampelstau im grünen Bereich. Doch nun gibt es kein Halten mehr, raus auf die Landstraßen des Flächenstaats Bayern. Etappenziel sind die Westlichen Wälder bei Augsburg, dann geht es ins Donauried und hinter Ingolstadt durchs Altmühltal über das Nördlinger Ries entlang der Brenz wieder zurück. Ich habe volles Vertrauen zu meinem neuen Fünfzylinder in Kastenform. Selbst die permanent glimmende Kontrollleuchte für die Motorsteuerung vermag mir meine entspannte Reiselaune nicht zu nehmen. Vielleicht ist es nur die Lambdasonde oder man kann den Fehler ganz einfach auslesen.

Beim Fahren spüre ich jedenfalls keinerlei technische Disharmonie. Der aufwendig konstruierte Motor schnurrt zufrieden vor sich hin, die Automatik freut sich, dass sie früh und schonend in den höchsten Gang schalten darf. Tempo 120 auf der B2 wird von Volvo und Fahrer als pure Entspannung verstanden. Wenn ich so lenke und denke, vermisse ich wenig an meinem V70, vielleicht Leder, eine Niveauregulierung oder am ehesten noch die Volvo-typischen Lampenwischer. Dieser feine Lidstrich unter den Scheinwerfern macht den kastig-naiv gezeichneten Wagen ein ganzes Stück souveräner. Während ich so kontemplativ vor mich hinschnüre, fällt mir ein, dass ich mich vor ein paar Monaten vom Volvo-Dogma Kombi befreien wollte und ernsthaft nach einer S70 Limousine suchte. Das Angebot war mehr als überschaubar. Aber ich bleibe dran. Ein Pärchen wäre schön, weil die Autos nichts kosten – für mich sind sie von hohem, nachhaltigem Wert.

Der Heckwischerarm baumelte spannungslos herum.

Übermütige Albernheiten mit Frosch »Paul«.

Alles am rechten Platz: Viergangautomatik, originales Volvo-Radio SC 802, Klimaanlage.

Freude am Verbrauchtwagen

Manuelles Zurückschalten lässt die Drehzahlmessernadel nach oben schnellen, und der Fünf-zylinder wechselt vom sonoren Grummeln in dieses harte, heisere V8-Stakkato, für das wir ihn so lieben. Manchmal will ich es herausfordern, das macht echt Laune auf meiner zweiten Etappe zwischen Affing und Pöttmes. Auf der kurvigen und hügeligen Staatsstraße 2035 darf der Volvo zeigen, was in ihm steckt, klanglich und dynamisch. Richtig ab geht es stellenweise, und der Wagen scheint sich wohlzufühlen, wenn er nach langer Zeit gefordert wird. Es ist ein Wunder, wie er das mit seinen 359.431 Kilometer wegsteckt. Ich spüre nichts von der ausgeleierten Abgefundenheit eines 20 Jahre währenden Autolebens mit einer Laufleistung bis zum Mond. Kein Poltern in den Buchsen der verästelten Radaufhängungen, kein Flattern in der Lenkung ermahnt mich, das Gas wegzunehmen. Es ist die wahre Freude am Verbrauchtwagen, wie so oft bei meinen Low-Budget-Käufen.

Mein Audi 200 Quattro klang einst noch besser, zu viele bewegliche Teile im Ventiltrieb nehmen dem Fünfzylinder offenbar das Machohafte. Aber mein Volvo V70 in Lippenstift-rot ist ja eher ein Frauenversteher für Gutmenschen. Obwohl das Praktische überwiegt, gibt es in ihm dennoch Raum für Emotionen.

Worauf Sie bei einem Volvo V70 achten müssen: Ein grundsolides Auto mit ein paar Schönheitsfehlern

Rost ist beim V70 dank der Verzinkung aller gefährdeten Partien nur ein äußerst marginales Problem. Er tritt eigentlich nur bei ungepflegten Kombis mit astronomischem Kilometerstand unter der eingeklebten Heckscheibe, an den hinteren Radläufen und im Bereich der Schweller und Wagenheberverstärkungen auf. Die Motoren, egal ob Turbodiesel oder Saugbenziner mit 144 oder 170 PS, halten gleich mehrere Hunderttausend Kilometer. Weniger robust zeigen sich die Achsaufhängungen. Die Gummilager an Vorder- und Hinterachse sind verschleißfreudig, deshalb bitte gleich haltbare PU-Buchsen einbauen. Die Vorderachse leidet oft unter ausgeschlagenen Traggelenken und Spurstangenköpfen. Die elektronischen Drosselklappen ab Modelljahr 1999 zicken oft rum, was sich in Drehzahlschwankungen und schlechten Übergängen auswirkt. Die Kunststoffteile des Interieurs brauchen Pflege.

Eine Grundwäsche ist nötig, um dem Lack wieder zu altem Glanz zu verhelfen.

Last, Lust und Luxus

Volvo 940 2.0 Kombi Polar
Eckdaten Reihenvierzyl. Turbo, 1986 cm³, 155 PS, 1435 kg, 205 km/h, 1990 bis 1996
Preis 7300 Euro (guter Zustand),
Charakter Dieser Kombi hat das ewige Leben, er rostet nicht, die effektive Basis-Technik gilt als sehr robust. Sein Motto: Luxus in Bescheidenheit

Zwei kontroverse Kombis, von denen jeder markentypisch ist. Der mit Stern gibt sich mondän, opulent und wartet mit allem auf, was geht: V8, 4Matic, Vollausstattung. Der aus Schweden definiert Luxus über Raum, Zeit und Gelassenheit.

Mercedes-Benz E 430 T 4Mativ
Eckdaten V8-Motor, OHC-24V, 4266 cm³, 279 PS, 1790 kg, 243 km/h, 1997 bis 2002
Preis 8200 Euro (guter Zustand),
Charakter Komfortabler Reisekombi mit souveränem V8-Motor für Freunde gediegenen Understatements. Dank 4Mativ für alle Fälle gerüstet

Die Dachreling, 1964 mit dem Ford 20 M Turnier eingeführt, ist obligatorisch. Das 90-Grad-Steilheck des Volvo sorgt für eine eher spröde Eleganz, der E 430 T wirkt im direkten Vergleich in der Rückansicht gefälliger.

Mit dem Dunkelblauen fange ich an. Vielleicht auch nur deshalb, weil er zufällig links vor der breiten Laderampe des Möbelhauses steht. Aber es schwingt noch etwas anderes mit. Es fällt mir schwer, dies zuzugeben. Ich möchte eine Pause machen vom Überfluss, von der Opulenz und vom Luxus. Ich brauche wieder etwas mehr Bodenhaftung, sehne mich nach einem trittfesten Kupplungspedal, einem handfesten Schaltgetriebe, nach einem rustikalen Vierzylinder, ohne ein ganzes Arsenal von Nockenwellen und Ventilen, nach Jute statt Leder und nach Hartplastik statt Wurzelnuss.

Vorletzte Woche kaufte ich den Mercedes S 320 CDI, auch er technisch aufwendig und trotz oder gerade wegen des drehmomentstarken Sechszylinder-Diesel luxuriös im Antriebskomfort und geschmeidig bis in die Ventile seiner Luftfederbälge. Ein paar Tage später holte ich den VW Phaeton 4.2 VS 4Motion aus der Halle, Bewegungstherapie und TÜV-Vorfahrt, 335 PS. Ein Wagen wie eine romantische Symphonie, schwer, erhaben, pathetisch. Ich sollte nur noch im Frack samt Piech-Trauerflor am Seidenrevers und mit Rahmengenähten einsteigen.

Der Avantgarde-Achtzylinder

Vorgestern holte ich den Silbernen im Mercedes-Benz Classic Center ab, den Kombi, der rechts vor der Laderampe steht. Auch er ein Achtzylinder mit Avantgarde-Ausstattung plus 19 realen Extras, das machte im Jahr 2000 einen Neupreis von 123.653,72 Mark. Auch er lebt wie zuvor S 320 CDI und Phaeton 4.2 VS nach dem hedonistischen Motto der amerikanischen Philosophin und Designerin Beverly Feldman: »Zu viel ist nicht genug.« Die Überführungsfahrt dauerte genussvolle 118 Kilometer. Es war die pure Lust am Überfluss.

Nie zuvor badete ich so glücklich in einem Meer von Hydrauliköl, Pardon, in Servo, Automatik, 4Matic, Tempomat, Niveauregulierung und Komfortelektrik. Schon gar nicht in einem eher pragmatisch geformten Kombi, für den man immer noch einen gewissen Aufpreis für das Parkticket vor der Oper zahlen muss.

Aber immer nur Haute Cuisine macht auch irgendwann Lust auf Kartoffelsalat mit Bockwurst.

Nun setze ich mich also endlich in den Dunkelblauen und starte durch. Zunächst drehe ich ein paar Runden für den Fotografen, dann bin ich mit dem Volvo 940 2.0 Kombi Polar, wie er mit vollem Namen heißt, draußen am Stadtrand allein. Einem jungen Landschaftsgärtner schwatzte ich den verglasten Kastenwagen für unsere Titelstory ab, eine Kombination von Ross und Reiter, die sehr gut passt. Mit dem kantigen Schweden fahre ich auf der malerischen Strecke direkt vor meiner Haustür. Ein vergessenes, kaum frequentiertes Idyll zwischen Offenhausen und Burlafingen, 8,7 Kilometer Löwenzahn und Frühlingsgrün, vorbei am Pfuhler See.

Wir passierten sie probeweise heute früh, meinten aber, sie sei als Kulisse fotografisch eher für Cabrios als für Kombis geeignet. Meine Kollegin Berenice Schneider entschied sich schon vor dieser Probefahrt für die lässig-luxuriöse T-Limousine. Sie mag auch bei Autos ein edles Ambiente und liebt entspanntes Fahren per Fünfstufenautomatik auf sonorem Klangteppich und mit viel unterschwelligem Leistungsüberschuss. Ihre edle Landlady-Garderobe passte sie dem »S-Klasse T-Modell«, wie sie den Stationswagen mit Stern spontan und treffend nannte, intuitiv an: Jacke von Windsor, Stiefel von Tory Burch. Jetzt darf sie vor dem Möbelhaus elegante Ellipsen fahren.

Genug ist besser als zu viel

Der Volvo, das merke ich schon unterwegs, ist kein Asket, kein Dacia Logan Laureate, beileibe nicht. Das phänomenale Raumgefühl erscheint noch fürstlicher als im 210er, die prallvolle Instrumententafel erscheint ebenso kantig wie wuchtig. Alles, was man braucht, bietet er einem, so wie eine fruchtbare Scholle im Schrebergarten: Drehzahlmesser, elektrische Fensterheber, Zentralverriegelung, Servolenkung, Fünfganggetriebe, teillederbezogene Komfortsitze, Klimaanlage und schicke Aluräder. Dabei ist Polar in Volvo-Kreisen ziemlich basic.

Ich kupple und schalte, also bin ich. Ich höre wieder den rauen, rasselnden Klang des Volvo-Vierzylinder-Urgesteins vom OHC-Basis-typ B21, der seit 1974 in 17 Versionen von 97 bis 170 PS

Ich fühle mich zum Volvo 940 Kombi hingezogen, er überzeugt mich durch seinen knorrig-rustikalen Kumpel-Charakter. Mit dem lässt es sich wunderbar leben.

Oben, links: B 200 FT heißt der kleine Zweiliter-Turbo mit 155 PS, den es nur für Italien-Exporte gab.
Oben, rechts: Die schwarz melierten Teilledersitze gehören zu Volvo wie das kantige Cockpit.

Links: Viel Platz im Fond, beste Rundumsicht und breite Türen erfreuen die Passagierin.
Rechts: Kombi nach Maß: teilbare Rückbanklehne, aufgeräumte Staufächer im Boden.

nichts anderes tut, als mit uneitler Verlässlichkeit 300.000-Kilometer-Hürden zu nehmen. Seine rustikale Stimme ist auf einmal Musik in meinen Ohren, die 155 PS des nur sanft aufgeladenen, italophilen Zweiliters reichen völlig, um sehr zügig voranzukommen. Mit jedem Kilometer entkomme ich den holzgerahmten, in Leder gebundenen Luxuskaleschen, die ich zwar liebe, aber eben nicht immer. Es ist eine andere Lust am Fahren, eine ursprüngliche, die sich über den exakten Druckpunkt der Kupplung ebenso freut wie über die präzise geführten Gassen des Fünfganggetriebes. Früher war das bei Volvo einmal eine, zugegeben romantischere, Viergangbox mit Overdrive. Ja, im 940 Polar, made in Sweden, nicht in Belgium, steckt noch viel früher, noch sehr viel 740. Das beinahe unverfälschte Ziegelstein-Design vom studierten Bildhauer Jan Wilsgaard und die aufwendig konstruierte Starrachse mit sieben Lenkern inklusive Wattgestänge.

Sie ist freundlicher zur Nutzlast (650 kg) und zur Anhängelast (1800 kg) als die 1988 im 760 GLE eingeführte Multilink-Einzelradaufhängung, die den domestizierten Ziegelstein aber wesentlich

Oben, links: Sanfter Dreiventil-V8 Typ M 113 im Alugehäuse, insgesamt nur zwei Nockenwellen.
Oben, rechts: In Leder gebundenes Wurzelnuss-Festival - 47 Bedienelemente stehen für volle Hütte.

Links: Nappaleder in Anthrazit, Holzeinlagen in den Fondtüren, hier lässt es sich gut leben.
Rechts: Der Laderaum ist mit Velours ausgeschlagen, damit es die Euro-Palette gemütlich hat.

geschmeidiger federn lässt. Natürlich sind die Unterschiede zwischen E 430 T 4Matic und 940 Kombi, vor allem im Fahr und Antriebskomfort, mehr als deutlich. Wie ich es beim Umsteigen in den üppig mit Nappaleder ausgeschlagenen Luxuskoffer heftig spüre. Aber sowohl der Volvo-Kombi, den fährt jetzt Berenice Schneider, als auch das E-Klasse T-Modell sind, egal welche Motorisierung, Archetypen, ja Synonyme und Symbole ihrer Gattung, robust und zuverlässig. Die Rostsucht des in 21 Motorversionen, ob Benziner oder Diesel, gebauten 210ers hat nichts mit mangelnder Zuverlässigkeit oder gar schlechtem Charakter zu tun. Er schämt sich selbst dafür.

Unser Mercedes E 430 T 4Matic, der nicht aus der Schweiz kommt, sondern ursprünglich vom Autohaus Gebrüder Gossens aus Geldern am Niederrhein, zeigt in seinem Display unglaubliche 250.411 km mit erstem Motor und erstem Automatikgetriebe. Sein Zustand ist der eines jungen Gebrauchten, auch das edle Interieur, hochwertig und empfindlich zugleich, zeigt kaum Spuren dieses exzessiven Fahrgenusses. Der 28 Jahre alte Volvo bringt es erst auf 186.723 Kilometer, aber auch das bei höchst res-

pektablem Zustand, nur die Pompadourtaschen in den Fahrersitzlehnen gaben leicht nach.

Die zwei Gesichter des Luxus

Wenn ich ehrlich bin, wäre mir, dem Technikverliebten, der Mercedes E 420 T lieber, und zwar ohne die entbehrliche 4Mabc. Der Viernockenwellen-VS vom Typ M 119 mit 32 Ventilen spiegelt konstruktiv noch den kompromisslosen Traummotor aus dem legendären 500 E wider. Beim großen Volvo-Kombi, dem leider ein prägnanter Buchstabe wie T oder ein Name wie Turnier fehlt – deshalb nenne ich ihn stets »Estate« – wäre für mich der 960 mit dem Dreiliter-DOHC-Motor die erste Wahl. Estate ist ein schöner englischer Name, und die Vierzylinder-Hecktriebler, egal ob 240 oder das Duo 740/940, bestechen mit ihrem knorrig-rustikalen Kumpel-Charakter. Rückfällig für die Luxusklasse würde ich damit nicht, denn der E 430 T spielt mit seinem V8 in einer höheren Liga, sein Fahrkomfort ist einzigartig, und die Fahreigenschaften sind dank Raumlenkerachse nur schwer zu übertreffen.

Daten & Fakten

Volvo 940 2.0 Kombi Polar, Typ 945, Baujahr 3/1995

Motor Typ B200 FT, wassergekühlter Vierzylinder-Reihenmotor, vorn längs, Bohrung x Hub 88, 9 x 80 mm, Hubraum 1986 cm^3 Leistung 155 PS bei 5600/min, max. Drehmoment 234 Nm bei 3600/min, Verdichtung 8,5: l, zwei parallele Ventile pro Zylinder, betätigt über eine obenliegende zahnriemengetriebene Nockenwelle und Hydro-Tassenstößel, Motorblock aus Grauguss, Querstrom-Zylinderkopf aus Leichtmetall, fünffach gelagerte Kurbelwelle, elektron. Benzineinspritz. und Zündung Bosch LH-Jetronic, ein Garrett-Abgasturbolader, max. Ladedruck 0,45 bar, 01 4,5 Liter, G-Kat

Kraftübertragung FünfgangSchaltgetriebe oder Vierstufen-Automatikgetriebe, Hinterradantrieb

Karosserie und Fahrwerk Selbsttr. Stahlblechkarosserie, cwWert 0,36, vorn MacPherson-Federbeine, untere Dreiecksquerlenker, hinten Starrachse, Schraubenfedern, Längslenker, Panhardstab, Schubstreben und Wattgestänge, Servo-Zahnstangenlenkung, Scheibenbremsen, ABS, Aluräder 6 J x 15, Reifen 195/65 HR 15

Maße und Gewicht Radstand 2770 mm, Spur 1470/1460 mm, L x B x H 4870 x 1750 x 1430 mm, Gewicht 1395 kg, Tank 75 Liter

Fahrleistungen und Verbrauch Vmax 200 km/h, Beschl. 0-100 km/h in 9,6 s, Verbr. 9,2 1/100 km

Bauzeit und Stückzahl 945/965, 1990-1996: 278.753 Exemplare

Eine alternative Definition von Luxus verkörpert der schlichte, aber weder spartanische noch untermotorisierte Volvo 940 Polar. Nicht Status ist ihm wichtig, er jagt auch keinen Superlativen in Leistung und Technik hinterher. Ist es vielmehr Achtsamkeit, nach der er strebt? Charisma definiert sich bei ihm über Raum und Zeit. Vielleicht auch über Freizeit. Er bleibt sowieso der größte Kombi in der zeitlosesten Form. Seine unausgesprochene Botschaft lautet: »Komm, lass uns die Rimowa-Koffer einpacken und an den Polarkreis fahren, den Chef rufen wir von unterwegs an.«

Fazit

Vielleicht hatte ich ja in letzter Zeit eine Überdosis Luxus und Leistung um mich, siehe Phaeton VB und S 320 CDI. Ich fühle mich deshalb zum Volvo 940 Kombi hingezogen. Mit dem lässt es sich wunderbar leben. Den E 430 T würde ich gerne zum S 430 T befördern. Er hat das Zeug dazu, weil er hohe Komfort-Maßstäbe setzt.

Daten & Fakten

Mercedes-Benz E 430 T-4Matic Avantgarde, Typ S 210, Baujahr 8/2000

Motor Typ M 113 E 43, wassergek. Achtzylinder-V-Motor aus Leichtmetall, Zylinderwinkel 90 Grad, vorn längs, Bohrung x Hub 89, 9 x 84, 1 mm, Hubraum 4266 cm^3, Leistung 279 PS bei 5750/min, maximales Drehm. 400 Nm bei 3000/ min, Verdichtung 10: 1, drei Ventile pro Brennraum, über je eine kettengetriebene Nockenwelle pro Zylinderbank und Rollenschlepphebel betätigt, hydraulischer Ventilspielausgleich, fünf Kurbelwellenlager, elektronische Doppelzündung und Benzineinspritzung Bosch LH-Jetronic, zwei G-Kats, Ölinhalt 9,5 Liter

Kraftübertragung Fünfstufenautomatik, permanenter Allradantrieb (zentrales Differenzial mit Visco-Kupplung), ASD, ESP und ASR

Karosserie und Fahrwerk Selbsttr. Stahlblechkarosserie, cw-Wert 0,28, vorn Dämpferbeinachse mit Schraubenfedern, Schubstreben, Stabilisator, hinten Raumlenkerachse mit Querlenkern, Längslenkern, Schub- und Zugstreben, Schraubenfed., Servo-Zahnstangenlenk. (Parameterlenk.), Scheibenbremsen, ABS, Räder 7 J x 16, Reifen 205/65 ZR 16

Maße und Gewicht Radstand 2833 mm, Länge x Breite x Höhe 4839 x 1799 x 1509 mm, Gewicht 1790 kg, Tankinhalt 80 Liter

Fahrleistungen und Verbrauch Vmax 243 km/h, Beschl. 0-100 km/h in 6,9 s, Verbr. 131/100 km

Bauzeit und Stückzahl W /S 210, E 420/ 430, 1995-2003: 184.479 Exemplare

Kaufberatung: Volvo 740-960, P1155

Zweckmäßig und trotzdem liebenswert. Groß und notfalls für eine Weltreise gerüstet. Die teilverzinkte Karosserie ist rostresistent, und der originäre Volvo-Vierzylinder, ob mit oder ohne Turbo, gilt als der robusteste Antrieb.

***** Alltagstauglichkeit
***** Ersatzteillage
***** Reparaturfreundlichkeit
***** Unterhaltskosten
***** Verfügbarkeit
***** Nachfrage

KAROSSERIE-CHECK

Volvo der 700er- und der kaum veränderten 900er-Baureihe sind wahre Trutzburgen gegen Korrosion. Ein Qualitätsunterschied zwischen Autos aus Gent (Belgien) und Göteborg ist nicht feststellbar. Ungepflegte Kilometerfresser bis Baujahr 1992 rosten an der Motorhaube, an den Schwellern und den hinteren Radläufen. Bei den Kombis erwischt es die Heckklappe. Selten findet man korrodierte Federbeinteller. Das Hartplastik-Interieur ist oft rissig oder ausgebrochen, die Polster neigen zum Ausbleichen.

TECHNIK-CHECK

Ein Mix von elf mehr oder weniger unterschiedlichen Motoren treibt die großen Volvo-Modelle an. Dazu gehören auch Sechszylinder-Diesel von VW und Vierventil- sowie Turboversionen des unerhört standfesten und langlebigen OHC-Vierzylinders. Bei ihm gilt es lediglich, das Zahnriemen-Wechselintervall von 120.000 Kilometer oder sechs Jahren zu beachten. Die Dieselmotoren leiden unter einem Zylinderkopfdichtungs-Dilemma jenseits von 200.000 Kilometern.

PREISE

Bei Einführung 8/1990 (940 Kombi 2.3, 116 PS)................42.830 DM
Classic-Analytics-Preis 2023 (Zustand 2/ 4).......................7300 / 1500 Euro
Versicherung (Haftpflicht/Vollkasko)*..............................83,76 / 184,37 Euro

ERSATZTEILE

Volvo gilt als etablierte Liebhabermarke, die fast lückenlose Teileversorgung für ältere Modelle wird von Spezialisten wie Skandix bei Goslar, www.skandix.de, oder der Firma Schwedenteile in Essen, schwedenteile.de, gesichert. Viele betreuen Volvo und Saab. Für die Karosserie ist www.scandic-ferrum.de in 23845 Seth zuständig.

CLUBS & SPEZIALISTEN

Volvo Club De. V., Melanie Löwe, Oliver Tödt, Harzer Straße 33, 28307 Bremen, Tel. 04 21/48439 86, www.volvoclub-deutschland.de Buttkereit Autotechnik GmbH, Peer und Kai Buttkereit, Am Inzerfeld 72, 47867 Duisburg, Tel. 02 03/58 0061, www.buttkereit-online.de Skandix AG, Ersatzteile Volvo & Saab, M. Volk, Richtershöhe 6, 38729 Langelsheim/Goslar, Tel. 053 83/960096, www.skandix.de

SCHWACHPUNKTE

1 Motorhaube, Kotflügel vorn
2 Heckklappenboden (Kombi)
3 Türunterkanten, Wagenheberaufn.
4 Kopfdichtungen (Diesel/DDHC-24V)
5 Ventiltrieb (Europa-V6, 16V-B 234)
6 Zahnriemen (Vierzyl., DDHC-24V(
7 Steuerkette (Europa-V6)
8 L-Jetronic, Motronic, Zündanlage
9 Vorderachslager, Traggelenke
10 Buchsen der Multilink-Hinterachse

Kaufberatung: Mercedes E420/430, W210

Ihren Ruf als Rostlaube hat sie weg. Es liegt am Rotstift beim Rostschutz und an unsauberen Lacktauchbädern. Technisch ist diese E-Klasse ein zuverlässiger Dauerläufer in bester Mercedes-Manier, wenn die Wartung stimmt.

***** Alltagstauglichkeit
***** Ersatzteillage
***** Reparaturfreundlichkeit
***** Unterhaltskosten
***** Verfügbarkeit
***** Nachfrage

KAROSSERIE-CHECK

Wie beim späten W 124 löste die Umstellung auf Wasserbasislack beim W 210 Korrosionsschäden an Türen, Hauben, Hinterachsaufnahmen, Vorderachsträgern und Dämpferbeinen aus, die von bakteriell verunreinigten Tauchbädern verursacht und von mangelnder Hohlraumversiegelung beim W 210 verstärkt wurden. Erst die zweite Serie des W 210 ab 1998 gibt sich einigermaßen rostresistent. Dennoch zeigt auch sie häufig Rostbefall an den Vorderkotflügeln und an den Wagenheberaufnahmen.

TECHNIK-CHECK

Bei regelmäßiger Wartung erreichen die V8-Motoren, ob M 119 (DOHC-32V) im E 420 oder M 113 (OHC-24V) im E 430, hohe Laufleistungen. Ärger gibt es manchmal mit defekten Steuerketten und Gleitschienen (M 119) oder mit defekten Zylinderkopfdichtungen und Doppelzündmodulen (M 113). Die Fünfgang-Automatikgetriebe brauchen einen Ölwechsel. Die aufwendigen Radaufhängungen sind leider verschleißfreudig.

PREISE

Bei Einführung 1995 (Mercedes-Benz E 420 TI .... 104.955 DM
Classic-Analytics-Preis 2023 (Zustand 2/ 4) .... 8200 / 2100 Euro
Versicherung (Haftpflicht/Vollkasko)* .... 108,19 / 256,78 Euro

ERSATZTEILE

Betriebsrelevante Technikteile und Bleche sind für den W 210 noch problemlos verfügbar. Darüber hinaus kommt es zu Engpässen. Durch Export und Teileverwertung sinkt der Bestand rapide. Vieles für die immer noch sehr verbreitete zweite E-Klasse ist auf dem freien Teilemarkt bei Trost, Stahlgruber etc. günstig erhältlich.

CLUBS & SPEZIALISTEN

E-Klasse-Forum.de, Rotgeber-Homepage für die E-Klasse (W 210 bis W 212), C. Schultze-Frey, 75777 Birkendorf, e-klasse-forum.de Oliver Stork, Mercedes-Benz-Teile, Beethovenstraße 36 0, 63222 Rödermark, Tel. 0177 /595 34 00, E-Mail: benz-man@t-online.de Auto Auer, Franz Auer (Service, Handel, Gebrauchtteile), Im Hag 15, 73230 Kirchheim/T., Tel. 07021/9802 70, auto-auer-klassik.de

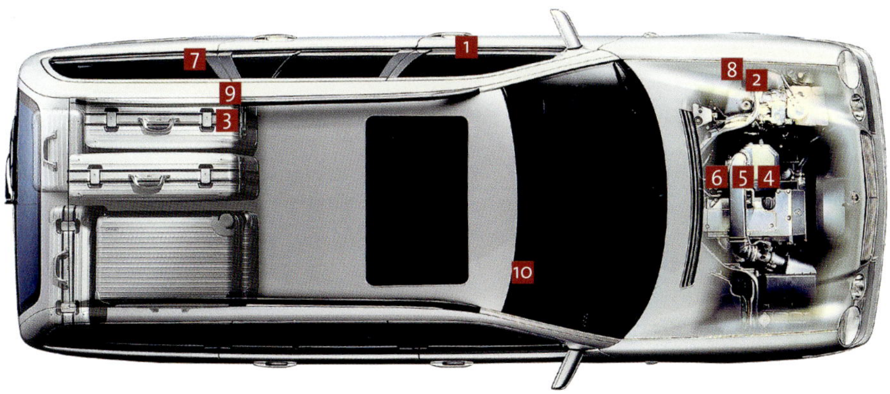

SCHWACHPUNKTE

1 Türen, Hauben und Schweller
2 Dämpferbeindome, Stehbleche
3 Hinterachsaufnahmen, Radläufe
4 Steuerketten und Gleitschienen
5 Zylinderkopfdichtungen, Zündanlage
6 Motor- und Getriebesteuerung
7 Federkugeln hinten (Niveauregul.)
8 Traggelenke, Spurstangen
9 Buchsen der Raumlenkerochse
10 Ledersitze, Edelholzfurnier

Mein Shooting Brake

Kombis heißen immer dann klangvoll und very sophisticated »Shooting Brake«, wenn die Größe des Laderaums keine Rolle spielt und Eleganz klar vor Funktionalität rangiert. Das etwas manierierte englische Wort heißt auf Deutsch so viel wie »Jagdwagen« und deutet dezent an, dass Edleres im Laderaum transportiert wird als Farbeimer, Katalogpaletten oder Bierkästen.

Rover 75 Tourer

Motor	V6, 24V, 2497 cm³
Leistung	177 PS
Gewicht	1570 kg
Vmax	215 km/h
Bauzeit	2001–2005
Preis*	3500 Euro

Mein Lieblings-Shooting-Brake heißt Rover 75 Tourer, er ist zusammen mit dem skurrilen Volvo 480 ES der billigste auf dem Markt. Aber im Vergleich zum schrägen Volvo wirkt der Rover 75 Tourer herrschaftlich und souverän. Selbst den Zweikampf mit dem ranghöheren, aber weniger hübschen Lifestyle-Rivalen Jaguar X-Type Estate hält er locker aus.

Denn neben der Ästhetik des Tourer, der selbst vor einem Luxushotel nicht deplatziert wirkt, wissen auch die Fahreigenschaften zu gefallen. Vor allem als geschmeidiger 2,5-Liter-V6 mit vier obenliegenden

Nockenwellen ist der frontgetriebene Rover bestens motorisiert. Das Fahrwerk setzt auf McPherson-Federbeine vorn und eine aufwendig geführte Doppelquerlenker-Hinterachse. BMW hat übrigens erst in den letzten beiden Entwicklungsjahren Hand an den 75 gelegt, um den Turbodiesel beizusteuern und den Produktionsprozess zu optimieren.

Qualitativ macht der 75 deshalb einen sehr soliden Eindruck, auch Rost ist bei dem vollverzinkten Wagen kein Thema. Das Einzige, was ich an ihm nicht so mag, ist das Interieur – weniger wäre mehr. Der übertriebene Holz-Hochglanz, die ziselierten Chromrähmchen und die neckischen Leder-Klöppeleien erinnern an einen Maybach W 40.

Rover 75 Tourer sind noch relativ billig, es gibt sie zu Kampfpreisen, die untergegangene Marke genießt wenig Vertrauen. Das ist schade, denn Caterpillar sorgt langfristig für Ersatzteile.

Der glamouröse Interieur-Chic war seiner Zeit voraus. Die klassische Eleganz des Rover 75 blieb beim Tourer erhalten.

Kombi für die Oper

Autos mit großer Klappe mag ich nicht besonders. Das dürfte sich in meinen Texten herumgesprochen haben. Ein Mercedes W 124, ein Fünfer-BMW, ein Omega oder Scorpio gefällt mir mit Stufenheck besser. Nur ein fünftüriger Volvo 960 sorgt als 3.0 24V für Rennrad-Stauraum.

Lancia Thema Station Wagon

Motor	V6, 2849 cm³
Leistung	150 PS
Gewicht	1350 kg
Vmax	205 km/h
Bauzeit	1986–1994
Preis*	8900 Euro

Der 960 ist luxuriös und kultiviert, das versöhnt. Aber selbst für den Kombi-Archetypus Volvo finde ich das klassische »Three-Box-Design« attraktiver.

Beim Lancia Thema geht es mir umgekehrt, den nenne ich als Limousine respektabel, aber als Station Wagon lässt sich seine naturgegebene Eleganz mühelos steigern. Außerdem verkörpert er das Beste aus zwei Design-Welten.

Der Basiskörper stammt von Italdesign Giugiaro, den krönenden Abschluss modellierte Pininfarina. Im Turiner Werk des Ferrari-Hofstylisten wurde der elegante Nobelkombi mit einer eher leistungsorientierten denn wirtschaftlichen Motorenpalette auch gebaut. Nur 26.785 Exemplare verließen die Hallen. Diese Exklusivität gepaart mit dem hochwertigen Interieur, das dunkles Edelholz wahlweise mit Velours, Alcantara oder Leder kombiniert, macht den Reiz des Thema Station Wagon aus. Erfreulich auch, dass er sich nicht über Kubikmeter, Raum und Nutzlast definiert, sondern über Ambiente und Fahrkultur.

Die Tipo-4-Bodengruppe des Fronttrieblers, die er sich mit Fiat Croma, Saab 9000 und Alfa164 teilt, trägt ein aufwendiges, komfortables Fahrwerk, außerdem ist sie vollverzinkt, was dem Rost kaum eine Chance lässt. Problem Nummer eins ist deshalb die Ersatzteilversorgung, die leider allmählich größere Lücken zeigt.

An feinen Motoren herrscht kein Mangel, meine Favoriten sind die beiden V6, der Europa-Motor von Peugeot und der Dreiliter-Arese von Alfa Romeo. Kann sein, dass mein nächster unvernünftiger Kauf ein Lancia Thema Station wird.

Der Lancia Thema Station Wagon transportiert im plüschigen Ladeabteil lieber eine Hasselblad-Ausrüstung als Obst oder Brennholz.

Unter dem Radar

Mein Traum ist es, auf dem Landweg nach Leningrad, Pardon, Sankt Petersburg zu reisen. Von Ulm über Berlin, Rostock, Danzig, Masuren und Kaliningrad weiter entlang der Ostsee nach Litauen, Lettland und Estland bis zur Zaren-Metropole an der Newa. Macht hin und retour 4554 Kilometer.

Ford Mondeo Turnier 1.8i 16V

Motor	R4, 1796 cm^3
Leistung	115 PS
Gewicht	1270 kg
Vmax	190 km/h
Bauzeit	1993–2000
Preis*	1500 Euro

Lange hatte ich für diese Tour meinen arcticweißen Mercedes 250 D aus Youngtimer-Heft 2/2014 vorgesehen, aber der ist zu auffällig und zu sehr premium. Ich möchte bestens getarnt unter dem Radar von Grenzern, Zöllnern, Polizisten und unbehelligt von zwielichtigen Gestalten reisen, die im Handumdrehen ein altes fremdes Auto öffnen. Ein Ford Mondeo Turnier, erste Serie, Typ GDP, wäre meine Idealbesetzung für den Ostsee-Marathon. Er weckt keinerlei Begehrlichkeiten, könnte in der Uniformität seiner ganz und gar unprätentiösen Erscheinung auch ein Nissan, Seat oder Hyundai sein und war in allen Mängelstatistiken so unauffällig, wie man es sich wünscht. Für 800 Euro gibt es schon Exemplare mit TÜV. Es muss nicht der seltene Turbodiesel sein. Der mit Yamaha entwickelte quer eingebaute Zetec-Vierzylinder mit zwei Nockenwellen und 16 Ventilen ist als temperamentvolle, 115 PS leistende goldene 1800-Kubik-Mitte sparsam und robust. Er verdaut dank Klopfsensor auch Super 91 ROZ, dank seines 62-Liter-Tanks ergibt sich sogar eine pampafreundliche Reichweite von 800 Kilometern.

Schon am famosen Motor erkennt man, dass der Mondeo, der von Ford auch namentlich als Welt-Auto lanciert wurde, kein simpler Massenwagen ist. Der Fronttriebler verfügt über eine Mehrlenker-Hinterachse, er ist innen behaglich und kann als Turnier notfalls ein Hotelzimmer ersetzen. Ich überlege, ob ich schon einen Dachgepäckträger für meinen künftigen Mondeo ersteigern soll, damit mein Traum bald wahr wird.

Funktional und qualitativ ansprechend zeigt sich das Mondeo-Interieur in der GLX-Version. Schöner wäre ein Ghia.

Transsibirien-Express

Natürlich wäre ein Lada Niva mit Allradantrieb für eine Abenteuer-Rallye die Idealbesetzung, aber seit der hochbeinige kubische Russen-SUV überall cool und Kult ist, muss ich mir eine unbelastete Underdog-Alternative suchen.

Lada Nova Kombi

Motor	R4, 1452 cm^3
Leistung	71 PS bei 5600/min
Gewicht	1020 kg
Vmax	152 km/h
Bauzeit	1985–2012
Preis*	5900 Euro

Meine gänzlich kokettierfreie Wahl drängt sich nach kurzem Nachdenken geradezu auf, ich bleibe mit meinem Lada Nova Kombi, alias WAS 2104, sogar beim gleichen russischen Hersteller Wolschski Awtomobilny Sawod. Er ist bekannt für seine robusten, schmucklosen Kraftwagen unter dem Markennamen Shiguli, die bei uns Lada hießen. Sie trotzen allen Klimazonen der einstigen Sowjetunion, ihre simple konventionelle Technik basiert auf dem Fiat 124 von 1966. Das mitgelieferte Bordwerkzeug inklusive Luftpumpe, Farbtopf zum Beilackieren, hydraulischem Wagenheber und zwei Leinenrollen mit Gabelschlüsseln könnte den Grundstock für eine Hobbywerkstatt bilden. Zwischen Tscheljabinsk und Krasnojarsk ist man bei einer Panne mit dem Besteck niemals verloren.

Allrad wird sowieso überbewertet, also versuche ich, mit einer Expeditionsausrüstung inklusive zweier voller Armeekanister und einem Spikereifensatz Nokian Hakkapeliitta auf Stahlfelgen die hintere Starrachslast traktionsfreundlich zu erhöhen. Der Lada verfügt über eine geröllpistenfreundliche hohe Bodenfreiheit und fährt sich auf asphaltierten Straßen weit komfortabler als der ungehobelte Niva. Sein Temperament ist von milder Sorte, aber ein Reisetempo von 110 km/h im fünften Gang bringt uns Irkutsk jeden Tag ein Stückchen näher. Der WAS 2104 ist dann noch leise genug, um auf der endlosen Reise vom Ural zum Pazifik (7309 Kilometer) melancholische Kassetten von Alexandra (»Sehnsucht heißt das alte Lied der Taiga«) hören zu können – Balsam für meine russische Seele.

Wir hätten ölig riechendes Kunstleder statt feinem Stoff erwartet. Innen fühlt sich der Lada sehr behaglich an.

Das Connolly-Klavier

Es war wieder eine dieser hypergenialen Visionen des Auto-Philosophen Ferdinand Piëch, aus einem frugalen VW Passat Kombi einen luxuriösen Oberklasse-Variant zu machen. Für das Ziel eines souveränen Antriebskomforts, der im Lastenheft 275 PS und ein maximales Drehmoment von 370 Newtonmetern vorsah, wurde nicht einfach der Audi-V8 mit 90-Grad-Zylinderwinkel aus dem Regal genommen, sondern ehrgeizig ein neues Triebwerk nach dem kompakten Schnittmuster von VR6 und W12 konstruiert.

VW Passat W8 Variant 4Motion

Motor	W8, 3999 cm³
Leistung	275 PS
Gewicht	1730 kg
Vmax	250 km/h
Bauzeit	2001–2004
Preis*	6900 Euro

Der W8 ist nach dem gleichen Schema eine Kopplung von zwei engwinkligen VR4-Motoren. Die Zylinderbänke haben einen gemeinsamen Kopf mit zwei Nockenwellen und 16 Ventilen und bilden den unorthodoxen Winkel von 72 Grad. Zwei Ausgleichswellen zähmen die bauartbedingt unausgewogenen Massenkräfte. Ein Hubzapfenversatz von 18 Grad auf der kurzen und flachen 180-Grad-Kurbelwelle sorgt für den gleichmäßigen Zündabstand. Doch genug der grauen Theorie, das exotische Triebwerk erfreut mit kraftvollem Antritt aus dem Drehzahlkeller und fasziniert mit virtuosem Klang, der ab 4000 Touren die geschmeidige Unauffälligkeit verlässt und sich dann zu einem furiosen Ferrari-Crescendo aufschwingt.

Die Fünfstufenautomatik und der ausgeklügelte Allradantrieb 4Motion bringen die nachdrückliche Kraft des W8 sanft und sicher auf die Straße. Darüber hinaus offenbart sich der rare Königs-Passat, es wurden nur 2359 Exemplare gebaut, als imposantes Gesamtkunstwerk. Die Karosseriequalität präsentiert sich wie beim VW Phaeton handverlesen, oft wurde schwarzer Klavierlack von besonderem Tiefenglanz in Kombination mit Connolly-Leder im zartgelben Farbton Magnolia geordert.

Doch keine Rose ohne Dornen: Der Verbrauch des W8 liegt über der 90-Grad-Konkurrenz, und der Wartungsaufwand für dieses Kombi-Juwel ist hoch.

Unter dem uniformen Plastikdeckel wird die technische Virtuosität des W8 nicht sichtbar. Manufaktur-interieur mit feinem Leder in Magnolia.

Flaggschiffe mit Kreuzfahrt-Flair

Nach einem Dutzend Jahren im freien Wert-Sinkflug werden selbst Business-Class-Flaggschiffe wie 7er-BMW, Mercedes S-Klasse oder VW Phaeton erschwinglich. Wer auf den Spuren der Bosse von einst über die Straßen kreuzen möchte, hat die Qual der Wahl. Doch Achtung: Gerade bei der großvolumigen Oberklasse gilt es auch die Folgekosten zu berücksichtigen.

Mein toller Diesel!

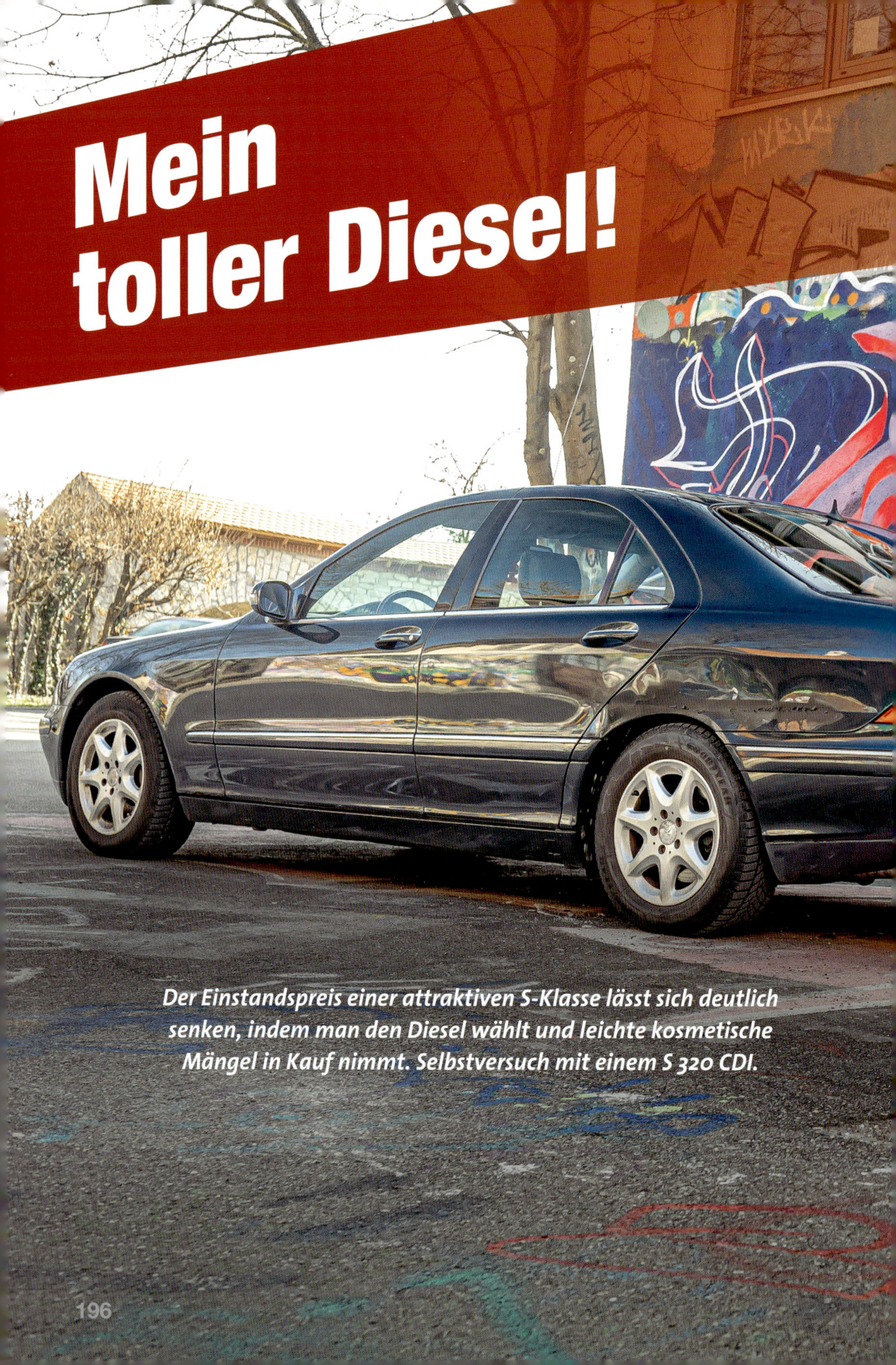

Der Einstandspreis einer attraktiven S-Klasse lässt sich deutlich senken, indem man den Diesel wählt und leichte kosmetische Mängel in Kauf nimmt. Selbstversuch mit einem S 320 CDI.

Mercedes-Benz S 320 CDI, W 220

Eckdaten R6-Zyl.-Diesel, DOHC-24V, 3222 cm^3, 197 PS, 1845 kg, 230 km/h, 1998 bis 2005

Preis 6900 Euro (guter Zustand),

Charakter Komfortable Reiselimousine mit kultiviertem, kraftvollem Common-Rail-Sechszylinder, elegante Karosserie in apartem Mercedes-Design

Plötzlich war er weg! Über ein halbes Jahr stand der Mercedes S 430 bei einem Kiesplatzhändler in der Nähe von Augsburg. Ich hatte lange genug Zeit, mich für ihn zu entscheiden, mich von solch liebenswerten Halbheiten wie einem BMW 520i Automatic, einem Audi A4 1.6 oder einem VW Passat 1.8 GL endlich zu trennen, zu seinen Gunsten. Oft war ich nah dran, hatte die 4000 Euro in der Tasche, nicht viel für acht Zylinder, 279 PS, 1790 Kilogramm Auto und ein zeitlos schönes Design. Aber irgendetwas störte mich immer, die Leichtmetallräder waren nicht ganz original, das Azuritblau-Metallic wirkte mir zu dunkel, die krude Stoffausstattung ganz ohne Velours war für eine S-Klasse eigentlich inakzeptabel, eigentlich. Extras hatte er auch fast keine.

Mit dem Feuer spielte ich, als ich genau diesen Mercedes S 430 aus zweiter Hand als Superschnäppchen unter dem Slogan »15 Euro pro PS« in Youngtimer Heft 2/2023 präsentierte. Ich wollte mich selbst unter Druck setzen, den herrlichen Wagen endlich zu kaufen. Kurz nach dem Erscheinungstag fuhr ich Richtung Augsburg, vergebens. Es fühlte sich bitter an. Das Preisschild lag herumgedreht auf dem Beifahrersitz. Ein Mann aus Polen hatte ihn tags vorher gekauft. Kein Wunder, in Polen ist das Klima für Luxus-Youngtimer viel besser als bei uns.

Die Flucht in den Diesel

Den Schmerz der unnötig verpassten Gelegenheit spürte ich heftig. Der W 220, die letzte wirklich schöne S-Klasse vor dem 221er mit seinen Ford-Focus-Radläufen, der übertrieben bogenförmigen Dachlinie und dem plumpen Kofferraum-Rucksack, geriet zur Obsession. Bald musste ich einen haben, ich spreche ungern das Wort Trostpflaster aus, aber das könnte es sein. Die Suche auf mobile.de ist mir zu steril, ich setzte mich also in meinen goldfarbenen BMW 520i und steuerte alle mir so vertrauten Kiesplätze im Raum Augsburg, Ingolstadt, München an. Die S-Klasse W 220 ist selbst dort echte Mangelware. Ich fand zwei Zwölfzylinder S 600 L (367 PS), drei Achtzylinder-Biturbo-Diesel S 400 CDI (250 PS) und einen S-320-Benziner mit 224 PS. Alles von mir unbedingt gewünschte Vor-Facelift-Modelle bis Oktober 2002, aber auch alle sehr, sehr schwarz mit überbreiten Rädern samt großen, proletigen Chrom-Auspuffrohren. Keiner unter 6000 Euro. Nichts für mich.

Flacher Plakettengrill, gottlob kein Vieraugen-Gesicht. Ihre XL-Größe verschleiert die S-Klasse 220er-Baureihe hinter raffinierter Eleganz.

Oben: Ein kraftvoller und leiser Turbodiesel. Oben, rechts: Erst nach dem ersten Schlüsseldreh erwachen die eigenwillig gestalteten Instrumente zum Leben Unten: Behelfs-Schnellreparatur mit Lack-Schminke.

Alfs To Do Liste

- Die üble, tiefe Schramme im linken hinteren Seitenteil ausbeulen, beispachteln und in Smaragdschwarz-Metallic, Code 189, lackieren. Dabei ist es nötig, den Radkasten von innen etwa 20 cm aufzuflexen – um mit dem Handfäustel dranzukommen – und wieder zu verschweißen. Wird also eine größere Sache.
- Rostansätze an den Türunterkanten rechts abschleifen, versiegeln, grundieren und lackieren. Die Bodenbleche sind gesund, nächste Hauptuntersuchung 11/ 2023, da ist noch Zeit.
- Heckschriftzug S 320 CDI nachrüsten, für vorn Velours-Fußmatten besorgen, passend zu Soft-Leder, schwarz, Code 261. Interieur aufbereiten, Kennzeichenhalter mit Mercedes-Signatur besorgen. Neupreis 2002 ausrechnen: 64.738 Euro.

Heute ist der zweite Tag meines drangvollen Umherirrens. Die S-Klasse-Wünschelrute schlägt dann doch noch bei dem Fähnchenhändler »Auto-Discount« im oberbayerischen Fürstenfeldbruck aus. Händler Sadettin Yalcin, der mir bereits mehrere unvernünftige Käufe bescherte, wie BMW 525i, Mercedes 220 E oder Ford Sierra 2.0 GL, offeriert auf seinem Kiesplatz einen Mercedes S 320 CDI aus zweiter Hand, 244.567 Kilometer gelaufen, fahrbereit mit Rest-TÜV bis November 2023 für nur 2498 Euro. Ich setze mir eine Basecap auf und sehe mir den zunächst sehr ansehnlichen Wagen erst einmal inkognito an.

Auch dieser belederte W 220 ist mir entschieden zu dunkel. Immerhin zeigt das Smaragdschwarz-Metallic einen edlen bläulichen Schimmer, wenn die Sonne mal wieder hinter den Aprilwolken hervorkommt. Die Räder sind original, die 225/60er-Reifen zeigen den prallen Balloncharakter, den ich so mag. Rost ist untenherum vorhanden, aber nicht so wild. Später erfahre ich, dass der mächtige Diesel in Italien lief. Als meine Blicke die Fahrerseite streifen, wird der Discount-Preis des alternden Flaggschiffs verständlich. Eine tiefe Schramme markiert das hintere Seitenteil, die Grundierung und daneben etwas Flugrost lugen bereits hämisch hervor.

Sadettin Yalcin begrüßt mich mit überschwänglicher Herzlichkeit, den zierlichen Infrarot-Schlüssel zaubert er dabei flugs in meine Hand. Ich

Nach der zärtlichen Handwäsche kommt die blaue Note im Smaragdschwarz klar zum Vorschein.

setze mich rein, starte, sofort springt der Wagen an. Der Sechszylinder-Reihendiesel läuft auf Anhieb ruhig, keinerlei Genagel. Yalcin spürt mein Mitleid mit diesem angezählten Schwan, dessen Moosintarsien eine längere Standzeit verraten. Und er wittert jetzt seine Chance: »Motor, Getriebe und Air-matic einwandfrei, ganz viele Stempel im Wartungsheft. Nimm ihn gleich mit zum letzten Freundschaftspreis von zweitausend, nur für dich!« Er streckt mir seine rechte Hand hin. Ich taumele einen Schritt zurück. »Wollte ich nicht eigentlich einen V8, egal ob S 430 oder S 500, in Brillantsilber?«, schießt es mir noch warnend durch den Kopf. Dann schlage ich wie in Trance ein. Die 2000 Euro und der im Hintergrund zufrieden murmelnde Diesel, sie haben mich rumgekriegt.

Der Diesel ist eine Wucht

Die ersten dreißig Kilometer, nach den drei Proberunden auf dem Kiesplatz, enttäuschen mich nicht, es gibt keine alarmierenden Fehlermeldungen im Tachometer-Display, unerwünschte Kontrollleuchten bleiben während der Fahrt aus. Der bereits optisch wuchtige Sechszylinder vom Typ OM 613 mit seinen zwei obenliegenden Nockenwellen nebst 24 Ventilen demonstriert mit 470 Nm bei 1800/min auch eine wuchtige Kraftentfaltung aus dem Drehzahlkeller. Der verpasste S 430, dessen Phantomschmerz in mir nachlässt, bringt es auf ein maximales Drehmoment von 400 Nm bei 3000/min. Schönreden ist angesagt.

Die sanfte Fünfstufenautomatik sortiert das üppige Kräftespiel des Common-Rail-Direkt-einspritzers beinahe zärtlich. Ich merke davon nichts, muss nie manuell eingreifen, vielleicht später

Daten & Fakten

Volvo V70 2.4 20V, Typ L, Baujahr 1998

Motor Typ OM 613 DE32, wasser-gek. Reihensechszylinder-Dieselmotor mit Direkteinspritzung, vorn längs, Bohrung x Hub 89,9 x 84,1 mm, Hubraum 3222 cm³, Leistung 197 PS bei 4200/min, max. Drehm. 470 Nm bei 1800/min, Verdichtung 18 : 1, vier Ventile pro Brennraum, über zwei kettengetr. Nockenwellen und Tassenstößel betätigt, hydraulischer Ventilspiel-ausgl., Zylinderkopf aus Leichtmetall, Motorblock aus Grauguss, 7 Kurbelwellenlager, Bosch Common-Rail-Hochdruck-Einspr., max. 1350 bar, ein VTN-Turbolader mit Ladeluft-kühl., Ölkühler, Oxikat, 9,5 Liter Öl

Kraftübertragung Fünfstufen-Wandlerautomatik 5G-Tronic, Hinterradantrieb, ASD, ESP und ASR

Karosserie und Fahrwerk Selbsttr. Stahlblechkarosserie mit Hilfsrahmen, cW-Wert 0,27, v. Doppel-Querlenkerachse mit Luftfederelementen (Airmatic), Schubstreben, h. Raumlenkerachse mit Querlenkern, Längslenkern, Schub-/Zugstreben, Luftfederelemente, Servo-Zahnstangenlenk., Scheibenbr., ABS, Aluräder 7,5 J x 16, Reif. 225/60 R16

Maße und Gewicht Radstand 2965 mm, L x B x H 5038 x 1855 x 1443 mm, Spur 1574/1574 mm, Gewicht 1845 kg, Tankinh. 88 Liter

Fahrleistungen und Verbrauch Vmax 230 km/h, Beschl. 0–100 km/h in 8,8 s, Verbr. 10 l/100 km

Bauzeit und Stückzahl 1998–2005: 484.683 Exemplare, S 320 CDI: 33.982 Exemplare

einmal auf dem San-Bernardino-Pass, hier im Alpenvorland jedenfalls nicht. Sein kraftvoll-satter, tiefer Klang ist nicht mehr als ein leises, stimulierendes Hintergrundrauschen in dieser luftgefederten und unerhört komfortablen Luxuslimousine. Keine Frage, der virtuose, feinfühligere Klangteppich eines wohl-erzogenen V8 von der Sorte eines Mercedes M 113 begeistert mich noch mehr. Immerhin besitzt der Diesel bereits einen nachgerüsteten Partikelfilter, da genieße ich die 8,5 Liter, die ich bei meiner Jungferntour herausfahre, ohne Reue. Aber ab und zu packt es mich, da trete ich drauf, die Nadel des Drehzahlmessers erreicht knapp die 4000er-Marke, dann schießt der schwere Wagen davon und zeigt, dass sich Diesel und Drehfreude nicht ausschließen.

Diesel fassen muss ich nicht, die Nadel zeigte beim Kauf noch knapp halb voll, trotzdem halte ich nach wenigen Kilometern an einer Tankstelle mit Waschpark nebenan. Ich finde Gefallen am Maskottchen »Leo«, das mich von nun an schützend begleitet, außerdem will den Grauschleier des Kiesplatzes abwaschen und mich dabei der fiesen Schramme stellen, die ich billigend in Kauf nahm. Quält sie mich jetzt oder wirkt noch das Serotonin des vollmundigen Fahreindrucks? Nein, ich muss was machen! In einem Norma-Supermarkt kaufe ich eine Dose Schwarzglänzend und Klebeband. Dann suche ich mir ganz hinten auf dem Parkplatz ein stilles Eck, um Grundierung und Flugrost mit Lack zuzudecken. Es ist mir seelisch wichtig, pragmatisch macht es wenig Sinn. Leute, lacht mich nicht aus.

Nach Hause im Abendrot

Bis zum Sonnenuntergang sind es noch drei Stunden, bis nach Hause 113 Kilometer auf direktem Autobahnweg, den ich erst später einschlagen möchte. Entlang der Wiesen und Wälder, intuitiv vom Flüsschen Amper geleitet, fährt es sich viel schöner. Richtung Dachau spült es mich, schon bei Tempo 100 geht alles lässig im großen Automatikgang. Es fällt mir schwer, 1800/min zu überschreiten. Noch habe ich den Mercedes-Stern nicht verloren, aber die Feder scheint gebrochen, vorhin beim Hochdruckreinigen tanzte er im Strahl munter auf und ab. In Dachau steuere ich die lokale Mercedes-Benz-Vertretung Autohaus Kratzmeier an. Charmante, prompte Bedienung bei der jungen Dame vom Teileverkauf, die ihn auch gleich mit einem Spezialwerkzeug draußen an meinem Wagen montiert: »Es macht dann 40 Euro 73 Cent, allzeit gute Fahrt.«

Die tief stehende Sonne kämpft mit dem aufsteigenden Dunst der letzten Regentage, spät setzt sich der Feuerball durch. Ich wähle eine malerische Route zur rosaroten Stimmung, folge der Staatsstraße 2047 bis nach Aichach. Bei Xyger werde ich über schmalste Straßen umgeleitet. Es stört mich nicht. Der Weg ist das Ziel. Erst bei Dasing nehme ich die Autobahn, pendle mich bei 120 km/h ein. Als die Xenon-Scheinwerfer vor der Garage erlöschen, ist der Tank immer noch nicht leer.

Worauf Sie beim W 220 achten müssen: Außer Rost auch sonst viel Ernstes!

Die offiziell fünfte Generation der S-Klasse liefert in puncto Langlebigkeit ein zwiespältiges Bild. Nach dem Facelift vom Oktober 2002, erkennbar an den Klarglas-Scheinwerfern, treten die Rostprobleme rundum auf Höhe der Türunterkanten zwar kaum noch auf, doch der damals neue Bi-turbo V12 vom Typ M 272 mit 500 PS litt an der Steuerketten-Malaise, und der noch effizientere Diesel OM 648 (204 PS, 500 Nm) krankt an Injektoren-Mängeln. Die Airmatic-Luftfederung (Serie) lässt sich noch reparieren, aber Finger weg vom optionalen Active Body Control! Obacht, alle 220er sind hochtechnisierte Elektronik-Monster.

Sozial & Kultiviert

VW Phaeton 4.2 V8 4Motion
Eckdaten V8-Motor, DOHC, 40V, 4172 cm³, 335 PS, 2210 kg, 250 km/h, 2002 bis 2016
Preis 8300 Euro (guter Zustand),
Charakter Nobles Understatement-Auto in Manufakturqualität, luftgefederter Reisewagen mit brillantem V8-Motor, jedoch teuer im Unterhalt

Der Slogan fand sich als Graffiti ein paar Straßen weiter. Er passt zum VW Phaeton, für viele ist dieser nur ein Passat. Das Abenteuer Understatement beginnt bei 4900 Euro.

Sehr lange musste ich warten, bis passable VW Phaeton, fahrbereit mit TÜV, die 5000-Euro-Grenze in ihrem Wertsinkflug streiften. Es dauert eben ein gutes Dutzend Jahre, bis so ein Flaggschiff von 80.000 Euro auf nur 6,25 Prozent des Neupreises abgetakelt ist. Meine erste Begegnung mit diesem phänomenalen Volkswagen als V10 TDI mit 313 PS hinterließ in Youngtimer Heft 4/2012 einen bleibenden Eindruck: Ich war mir sicher, dass ich den herrlichen Wagen, dieses Space-VIP-Shuttle piëchschen Ingenieursehrgeizes einmal besitzen wollte. Nicht unbedingt als Diesel, wegen der Feinstaubmisere, schon gar nicht als W12 mit langem Radstand, der passt in seiner absolutistischen Pracht eher zum VW-Vorstand, aber nicht zu mir.

Ich möchte ihn, den großen Volkswagen, sozial und kultiviert, als Undercover-V8 in unauffälliger Lackierung; er möge einem VW Passat Typ 3B ab 1996 möglichst ähnlich sehen. Unbedingt ein Achtzylinder bitte, wegen des stimulierenden Motorsounds und wegen seiner klassischen, erprobten Bauweise. Ein V6 3.2, besser gesagt: ein engwinkeliger, experimenteller VR6 mit 250 PS, ginge zur Not auch. Aber der gewaltige Mythos Phaeton, so hieß der letztlich havarierte Streitwagen des Sonnengottes Helios, lässt keinen Kompromiss zu.

Der VW aus Ingolstadt

Beim Automarkt IN, nahe der A9-Abfahrt Ingolstadt-Süd, werde ich fündig. Der mignon-grüne VW Phaeton 4.2 V8 4Motion für 5490 Euro passt in mein Beuteschema: reichlich TÜV und fahrbereit ohne großes Gewese. Zehn Prozent Rabatt sind wohl noch locker drin, zumal der vordere Stoßfänger leichte Blessuren aufweist. Händler Daniel Schranz offeriert ständig rund 20 Youngtimer jedweder Couleur, sein besonderes Steckenpferd sind jedoch Motorräder der 80er- und 90er-Jahre. Besonders stolz ist er gerade auf die extrem rare Motocross-Maschine Vertemati 495. Der junge Schranz ist eingefleischter Audianer, er würde den fast baugleichen Audi A8 Typ 4E mit Spaceframe-Alukarosserie vorziehen. Der Fünfventil-V8 mit 335 PS ist ohnehin eine Audi-Konstruktion. Das schlichte Design des Phaeton, da fällt es mal wieder, das böse Wort Passat, ist so gar nicht sein Geschmack.

Ich muss beim vollverzinkten 5000er-Phaeton Kompromisse machen. Schiebedach, Metallic-Lack und Holzpaket Nussbaumwurzel sind zwar unbedingt erwünscht, auch die perforierte Nappalederpolsterung Vienna Classic Style findet in dem Magnolia-ähnlichen Farbton Sonnenbeige meinen unbedingten Beifall, aber das Extra der abgedun-

Der 2007 facegeliftete Phaeton trägt den Schriftzug am Heck und kirschrote Rückleuchten mit LED-Glitzereffekt.

Oben: Noch ohne unselige Plastikabdeckung präsentiert sich der imposante DOHC-V8 mit 335 PS.
Unten: Exklusive Nappaleder-Ausstattung Vienna lassic Style im edlen Farbton Sonnenbeige, alias Magnolia.
Rechts: Das Wurzelnussfurnier vermittelt Qualität zum Anfassen.

kelten Fondscheiben hätte nicht sein müssen. Das wirkt leicht proletig, ebenso wie die 19-Zoll-Zubehörräder vom Typ Vossen CV-3R Gloss Graphite, die dem stolzen Understatement-Wagen eine unerwünscht überschminkte Rotlicht-Verruchtheit verleihen: hinfort damit bei nächster eBay-Gelegenheit. Mein 2007er-Phaeton-Prospekt berät mich zielführend: Die Aluräder Dynamic oder Inspiration werden meinem Phaeton die ersehnte Passat-Unschuld zurückgeben. Phaeton-Fondtüren mit normal getönten Scheiben kosten in Mignongrün gebraucht 250 Euro pro Stück, aber diesmal will ich kein Projekt. Der unvernünftige Kauf für das Fünffache des üblichen Budgets sollte passen.

Alfs To Do Liste

- Mignongrün Perleffekt, Code LR6V, also der tiefdunkelgrüne Metallic-Lack, braucht eine Politur. Rostblase an rechter Fondtür beseitigen, Lackabschürfungen an den Stoßfängern mit Lackspray behandeln. Die beiden Risse am vorderen Stoßfänger mit Polyesterharz schließen, beilackieren.
- Innenreinigung vornehmen. Den Riss auf dem Fahrersitzkissen mit Flüssigleder-Repair-Kit behandeln. Cupholder gängig machen, zwei Zubehör-Kopfstützen mit Monitoren gegen originale tauschen. Fehlerspeicher für Bremsbeläge und Motorkontrollleuchte per OBD-2-Gerät (OBD = On-Board-Diagnose) auslesen.
- Zubehörfelgen gegen Serienfelgen VW Dynamic 7,5 x 18 Zoll mit Sommerreifen tauschen.
- Motorölverlust im Auge behalten.

Standesgemäße Stärkung am Döner-Stand Auwaldsee.

Business-Class als Fünfsitzer

Lieber hätte ich meinen Phaeton auch als Viersitzer mit der salonartigen hinteren Einzelsitz-ausformung. Dabei reicht die Edelholz-Mittelkonsole bis weit in den Fond, was elitäres Erste-Klasse-Feeling in der Lounge verströmt. Der göttliche Phaeton-Viersitzer kostete 11.700 Euro mehr als sein fünfsitziges Business-Class-Pendant. Long-wheel Base, also das Radstands-Plus von 12,2 Zentimetern, schlägt noch ein-mal mit 7400 Euro zu Buche. Er, der mir einst vorgaukelte, sein »winziges« Imageproblem als sozialverträglicher Volkswagen mit All-inclusive-Vollausstattung wettzumachen, lässt sich fast alle besonderen Annehmlichkeiten unter dem Etikett »Volkswagen Individual« extra bezahlen, selbst Metallic-Lack kostete 1110 Euro Aufpreis. Meine Gedanken sind nun wirklich abgeschmackt, zahle ich doch 13 Jahre nach der Erstzulassung nur 5,72 Prozent des Neupreises, der im Mai 2008 für den mignon-grünen V8 exakt 87.436 Euro betrug.

Daniel Schranz kennt nur das Du im Umgangston. Er überreicht mir den Schlüssel und animiert mich zu einer umfangreichen Probefahrt: »Lass dir Zeit, ich muss noch zur Zulassungsstelle und bin erst in zwei Stunden wieder am Platz. Aber vergiss nicht zu tanken«, ruft er mir noch nach, während ich schon in dem überlebensgroßen Volkswagen sitze und ihn vor dem Start auf mich wirken lasse.

Aus der Fahrerperspektive kommt er mir mit seinen 1,90 Metern sehr breit vor. Das gediegene Ambiente peitscht meine Stimmung, die Vorfreude aufs Fahren ist groß. Innen finde ich meinen künftigen Phaeton noch schöner als außen. Hier ist wirklich alles original, wenngleich sich ein leichter Schleier der Abnutzung über das edle Interieur gelegt hat. Das Lederlenkrad ist einen Hauch abgegriffen, ein Cupholder mag nicht mehr ganz ausfahren. Selbst die Manufakturqualität aus der Gläsernen Fabrik in Dresden trotzt nicht allen Zeitläuften.

Daten & Fakten

VW Phaeton 4.2 V8 4Motion, Typ D1-GP1, Baujahr 2008

Motor Typ BGH, wassergekühlter Achtzylinder-V-Motor aus Leichmetall, Zylinderwinkel 90 Grad, vorn längs, Bohrung x Hub 84,5 x 93 mm, Hubraum 4172 cm^3, Leistung 335 PS bei 6500/min, max. Dreh-moment 430 Nm bei 3500/min, Verdichtung 11 : 1, fünf Ventile je Brennraum, betätigt über je zwei obenliegende Nockenwellen pro Zylinderbank, Zahnriemen, zwei Steuerketten und Rollenschlepph., hydr. Ventilspielausgl., fünf Kurbelwellenlager, Saugrohreinspritzung u. Zündung Bosch Motronic ME 7.11, zwei gereg. Kat., Ölinh. 8,5 l

Kraftübertragung Sechsstufen-Tiptronic, perm. Allradantrieb mit zentr. Torsen-Differenzial, elektron. Differenzialsp., EBV, ASP und ESP

Karosserie und Fahrwerk Selbsttr. Stahlblechkarosserie m. hinterem Hilfsrahmen, cW 0,31, vorn Vierlenkerachse, doppelte Querlenker, Luftfederung Airmotion, h. Trapezlenkerachse mit dopp. Querlenkern u. Luftfed., Niveaureg., elektron. Dämpfersyst., Servo-Zahnstangenlenk. Scheibenbr., ABS, Räder 7,5 J x 18, Reifen 225/60 ZR 18

Maße und Gewicht Radstand 2880 mm, L x B x H 5055 x 1905 x 1450 mm, Spur 1630/1610 mm, Gewicht 2210 kg, Tank 90 Liter

Fahrleistungen und Verbrauch Vmax 250 km/h, 0–100 km/h in 6,5 s, Verbrauch 12 l/100 km

Bauzeit und Stückzahl VW D1 2002–2016, 84.235 Exemplare

Im Handschuhfach liegt das feine, in Leder gebundene Bordbuch. Den letzten autorisierten VW-Service-Stempel im Wartungsheft gab es bei Kilometer 201.657, nun zeigt das LCD-Display 248.346. Auf den ersten Warmlaufkilometern flackern die sensiblen Kontrollleuchten für Motorsteuerung und Bremsbelagverschleiß auf. Die Batterie ist wohl schwach vom langen Stehen, Unterspannung mag die CAN-Bus-vernetzte Elektronik gar nicht.

Am Auwaldsee vorbei geht es erst einmal zum Tanken. Abgelenkt von meinem »neuen« Wagen, habe ich die Säulennummer vergessen. Die Frau an der Kasse fragt mich wissend: »Ach so, der Passat da hinten? Säule fünf.« Unterwegs Richtung Neuburg signalisieren die Instrumente für Öldruck und Öltemperatur betriebswarmes Wohlbefinden des geschmeidigen Fünfventil-V8. Dessen imposante 335 PS in Verbindung mit der sanften Sechsgang-Tiptronic sorgen für ein niedriges Drehzahlniveau. Zahme 2000/min sind das Limit beim Gleiten.

Das Phänomen Phaeton

Erst als ich das dezent, aber unterschwellig stets herzerwärmend achtzylindrig klingende Triebwerk bewusst fordere, wird der enorme Schub der 335 PS offenbar; sie machen selbst um die 2,2 Tonnen Wagengewicht wenig Aufhebens. Beim Fahren fällt der außerordentliche Komfort des VW-Topmodells auf, luftgefedert schwebt es selbst über Landstraßen dritter Ordnung. Es gehört zum Phänomen Phaeton genauso wie das Unterschätztwerden in der Öffentlichkeit und das Overengineering der zugfreien Vierzonen-Climatronic. Ruhig fließt die Strömung üppigen Drehmoments, alles fühlt sich so wunderbar entspannt an. Es wird zum Äußersten kommen, zum Kauf. Langsam ändere ich meinen Kurs in die Richtung alte Raffinerie. Nach Norden zieht es uns, mein Flaggschiff will zurück in seinen Kiesplatz-Hafen.

Ich nehme meinen Mut zusammen und spreche »fünftausend Euro« vor mich hin. Charismatisch ist er ja, der Phaeton, als Gesamtkunstwerk höchst respektabel. Eines fiel mir noch auf, ich muss es mit Daniel Schranz besprechen: Motoröl tropft an einer Stelle von innen auf die Kunststoffschale, die den Wagen von unten abschirmt. Es sieht so aus, als wäre es beim Nachfüllen danebengeschüttet worden und suchte sich nun nach intensiver Fahrt samt Hitze seinen Weg. »Falls es was Arges sein sollte, dann bringst du ihn halt wieder zurück. Kein Problem.«

Worauf beim VW Phaeton zu achten ist: Kaufpreis als Reparaturbudget

Dieser 4.2 V8 4Motion kam im Mai 2021 mängelfrei durch die Hauptuntersuchung. Das ist noch kein Freifahrtschein für eine sorglose Phaeton-Zukunft, aber böse Überraschungen dürften erst einmal trotz der 248.346 km auf dem Tacho selten sein. Dennoch braucht man für so ein komplexes Auto, das baugleich mit Audi A8 4E und Bentley Continental GT ist, Rücklagen in Höhe des Kaufpreises. Anfällig ist beim Typ D3 die Luftfederung; die Steuergeräte für die vielen Komfortextras spinnen oft; der V8-Zahnriemenwechsel sollte im 120.000-km-Intervall erfolgt sein und ein lückenloses Serviceheft vorliegen.

Der fahrende Hörsaal

Vor ein paar Monaten kam ich in den Genuss einer langen Überlandfahrt im Audi A8 der zweiten Generation: Achtzylinder, Aluminiumkarosserie, Allradantrieb. Dazu jede Menge Raumkomfort und eine breite Mittelarmlehne vorne zwischen den Sitzen aus feinstem Rindleder.

Audi A8 4.2 Quattro, Typ 4E

Motor	V8, 4172 cm^3
Leistung	335 PS
Gewicht	1850 kg
Vmax	250 km/h
Bauzeit	2002–2005
Preis*	8900 Euro

Es war trotz Stahlfederung kein Fahren mehr, sondern ein müheloses Gleiten. Selten kletterte die Drehzahlmesser-Nadel über 2500/min, und die spätsommerliche Welt draußen zog wie ein Film an mir vorbei. »Audi Max« war in den Testberichten vor exakt 20 Jahren ein beliebter Slogan für die Testberichte des damals neuen A8. Er behielt das Gesicht und die aufwendige Space-

Frame-Machart des Vorgängers, zeigte sich aber in Design und Federungskomfort deutlich verfeinert.

Unterwegs fiel mir das Wortspiel »Audi Max« ein, ich dachte an den edelholzvertäfelten Hörsaal, die Klappsessel des größten und repräsentativsten Raums meiner Universität waren sogar lederbezogen, in den 1970er-Jahren hatte man noch Geld für solche Extravaganzen. Und die Akustik war großartig. So erlebte ich es auch auf meiner A8-Exkursion, als ich über das Bose-Sound-System »A Trick of the Tail« von Genesis hörte. Man hätte als Neuwagenkäufer für den A8 auch Bang & Olufsen wählen können. Ich drehte die Musik nur so laut auf, dass ich die acht Zylinder, die unter stetigem Gaswechsel bis zu 335 PS erzeugen, als sonore, die Fantasie anregende Background-Vocals wahrnehmen konnte. Es ging so weit, dass ich mir dabei fiktive Technikvorlesungen von Professor Piëch einbildete. Mein Favorit ist der A8 ab 2005 mit dem Single-Frame-Grill, der ihn besser vom Vorgänger und vom fast baugleichen Phaeton unterscheidet. Das Debüt des A8 (4E) ist 20 Jahre her. Die Perfektion des Fahrens wirkt so absolut, als wäre er von heute.

Interieur mit üppigem Edelholz. Lederpolster in Connolly-Qualität. Sound-System von Bose oder Bang & Olufsen.

Bangle, mach weiter!

Ich gebe zu, auch ich forderte es vehement, habe »BMW« hämisch mit »Bangle muss weg« übersetzt. Chris Bangle, der Mann aus Ohio, war von 1992 bis 2009 Design-Chef von BMW.

BMW 740d

Motor	V8-Diesel, 3901 cm³
Leistung	258 PS
Gewicht	1970 kg
Vmax	250 km/h (abgereg.)
Bauzeit	2001–2008
Preis*	6900 Euro

Seine mit dem BMW Siebener E65 von 2001 erstmals umgesetzte radikal andere Formensprache mit scheinbar willkürlich gesetzten Blechsicken, linkischem Doppelscheinwerfer-Blick und massigem Kofferraum verstörte mich. Was war nur aus der herrlichen fahrerorientierten BMW-Instrumententafel geworden? Der hyperstylishe iDrive-Controller plus großem Monitor in der Mitte drängte die analogen Anzeigen zurück. Als Traditionalist schätzte ich, dass BMW-Modelle bis zum Dreier E46 klassisch gerieten: Dreier, Fünfer und Siebener unterschieden sich kaum, Vorgänger und Nachfolger sahen ähnlich aus. Zeitlos nennt man das. Bangles pseudo-avantgardistischer Siebener wirkte damals in meinen Augen unfertig und modisch. Der Sechser E63 gelang ihm besser, der Z4 und allen voran der Fünfer E60 zeigen als Langzeiteffekt eine hohe stilistische Brillanz, womit wir wieder beim Attribut »zeitlos« wären: »Mr. Bangle, you did a great Job!« Heute ist der Siebener E65 voll rehabilitiert, wir trafen uns auf Kiesplätzen, kamen uns nahe. An zwei Probefahrten erinnere ich mich: einen 735i mit V8-Motor und einen famosen 740d mit dem kraftvollsten Achtzylinder-Diesel seiner Tage. Beides sind Meistertriebwerke, das eine mit geschmeidiger, das andere mit frenetischer Kraftentfaltung.

Der Kiesplatz mit seinen strapazierten Kilometerkreuzern entlarvt die Schwächen der vierten Siebener-Generation: Automatikgetriebe mit Schlupf beim Gangwechsel, Rost bei frühen Exemplaren und Elektronikmängel, die sich in unrundem Motorlauf und ständig entladenen Batterien äußern. Trotzdem wäre ich heute mutig und reif für einen frühen Bangle.

Im Himmel der Bayern: Schöne neue, unterkühlte Wohnwelten im Luxusauto. Palisander mit gebürstetem Alu. Menü-Bedienung mittels iDrive.

Autos für jede Gelegenheit

Ob mit dem Achtzylinder ins Gelände oder mit der Großfamilie nach Bremen: Der Markt ist reich an SUVs, Transportern, Vans und Pick-ups nach jedem Geschmack. Einige ganz besondere Exemplare finden Sie auf den folgenden Seiten.

Das brave Nashorn

Viel Auto fürs Geld hat mich schon immer gereizt, klassische Mercedes-Technik auch. Manchmal bin ich schmerzfrei, kann sogar einer Dacia Logan Limousine etwas abgewinnen. Warum also keinen Ssangyong Musso als Winterauto fahren, zumal die Mercedes-Motoren ein starkes Argument für den fernöstlichen Exoten sind. Selbst in gutem Zustand kosten Benziner selten mehr als 2000 Euro.

Ssangyong Musso E32

Motor	R6, 24V, 3199 cm^3
Leistung	220 PS bei 5750/min
Gewicht	1985 kg
Vmax	190 km/h
Bauzeit	1997–2005
Preis*	7500 Euro

Obwohl hier der sehr geduldige, angenehm entschleunigende 2,9-Liter-Fünfzylinder-Diesel vom Typ OM 602 abgebildet ist, wäre mein Favorit ausnahmsweise mal die Variante mit der Topmotorisierung. Erst mit ihr wird der oft belächelten Musso zum geländegängigen King auf Understatement und zum entspannten Gran Turismo.

Kein geringeres Triebwerk als der imposante 3,2-Liter-24-V-Sechszylinder vom Typ M 104 hat sich vorn in den Motorraum des mit 63.800 Mark einst teuersten Musso E 32 eingemietet. Stramme 220 PS sorgen für souveräne Fahrleistung, 0 – 100 km/h gehen in knapp 10 Sekunden, die Höchstgeschwindigkeit von 190 km/h macht sogar den Range Rover neidisch. Natürlich sind die Wintereigenschaften des Allad-SUV über jeden Zweifel erhaben. Frontantrieb und separates Vorgelege sind elektrisch zuschaltbar. Beim Musso E 32 ist die bewährte Mercedes-Viergangautomatik die einzige Option. Und das ist auch gut so, in dieser Kombination kann sich der hohe Antriebskomfort des geräumigen, solide verarbeiteten SUV bestens entfalten.

Selbst die Rostvorsorge kann sich sehen lassen. Und das Design finde ich – positiv ausgedrückt – originell. Ich werde meinen Musso Reinhold nennen.

Das Ass im Ärmel des Musso sind die Mercedes-Motoren. Im Bild der urige 2,9-Liter-Fünfzylinder-Saugdiesel mit 100 PS.

Neoliberales Fahren

Leistung muss sich wieder lohnen! Wer ein Leistungsträger ist, die Wirtschaft voranbringt und obendrein ordentlich Steuern zum Wohle der Allgemeinheit zahlt, der darf sich auch einen Porsche Cayenne leisten. Nur muss er sich damit auch ordentlich benehmen.

Porsche Cayenne S, Typ 9PA

Motor	V8, 4511 cm^3
Leistung	340 PS
Gewicht	2245 kg
Vmax	242 km/h
Bauzeit	2002–2010
Preis*	8900 Euro

Denn ein Cayenne verpflichtet: zum rechtzeitigen Blinken, zum freundlichen Einscheren und zur gelegentlichen Benutzung der mittleren Spur. Merke: Immer links fahren macht unsympathisch. Auch die optische Zurückhaltung sollte angesichts dieses wuchtigen Allrad-Allrounders gewahrt bleiben. Ein nachtschwarzer Cayenne mit mattschwarzen 23-Zoll-Rädern passt eher ins Rotlichtmilieu.

Sieht man einmal von der fragilen Sozialverträglichkeit dieses inzwischen sehr preiswerten Porsche-Schmuckstücks ab, so bleibt es doch ein verdammt gutes Auto. Dann gibt er das nervenschonende, qualitätsvolle Universal-Tool für alle Fälle: elegantes Zugtier, autoritärer Lademeister, komfortabler Reisewagen, imageträchtiger Großstadt-Cruiser und solides Langzeitauto. All das ist der Cayenne – und schön obendrein. Besonders gelungen ist sein lang gestrecktes Profil mit den dick chromumrandeten Seitenscheiben. Auch das hochwertige Interieur mit schönen Instrumenten und seidenmatten Lederpolstern verströmt vornehme, zeitlose Eleganz. Dazu passt die hohe Kultiviertheit des Antriebs, vor allem im Cayenne S.

Wenn der 340 PS starke V8 mit seinen vier obenliegenden Nockenwellen zornig brüllt, dann fährst du falsch. Ein anständiger Cayenne hat das nicht nötig, er säuselt unauffällig, kokettiert mit seinem stets niedrigen Drehzahlniveau und schreit deshalb nicht gleich nach der nächsten Tankstelle. Cayenne fahren ist ungefährlicher als Pelzmantel tragen. Ich hätte gleich das Gegengift zu dieser exponierten Mobilität in der Garage stehen, einen alten Honda Accord.

Hochwertiges Interieur in anspruchsvoller Ästhetik. Der Viernockenwellen-V8 aus Leichtmetall stemmt ohne Turbo 420 Nm ab 2500/min.

Mein Freund fürs Leben

Er begleitet mich seit Jahrzehnten, aus dem Straßenbild ist er immer noch nicht verschwunden. Immer wieder taucht er nach längeren Abständen auf, als Gartenbau-Doppelkabine, als kommunaler Gerätewagen oder als verglaster Kasten, sprich Kombi, bei der freiwilligen Feuerwehr.

Mercedes-Benz 210 D, Baureihe T1

Motor	R5, 2874 cm³
Leistung	95 PS bei 4000/min
Gewicht	1915 kg
Vmax	125 km/h
Bauzeit	1977–1995
Preis*	ab 9900 Euro

Wie sein Zeitgenosse W 123 hält er sich tapfer im unaufhaltsamen Strom der Jahre. Der Leichttransporter T1von Mercedes, gebaut von 1977 bis 1995, früher wegen seines ursprünglichen Produktionsstandorts auch »Bremer« genannt, gefällt mir schon seit meiner Jugend. Dieses boxernasige Kurzhauber-Design mit Keilprofil ist ebenso prägnant wie prägend.

Sein Nachfolger, der Sprinter, geriet weit weniger avantgardistisch. Ich könnte mir den T1, der uns allen als 207 D mit 2,5 Tonnen Gesamtgewicht und dem 72-PS-Diesel aus dem 240 D am geläufigsten ist, gar im Museum of Modern Art in New York vorstellen: als Archetyp für gutes Kleinlastwagen-Design.

Vor gut 20 Jahren gelang es mir sogar, bis in die Fahrerkabine eines T1 vorzudringen. Ich fuhr einen 310 D Kastenwagen lang mit dem modernen Tassenstößel-Fünfzylinder OM 602 intensiv als Umzugs-Shuttle. Dabei wurde mir klar, dass der Stern vornedran, anders als bei den Personenwagen, nicht für reife Fahrkultur und raffinierte Technik steht. Nein, er ist Zierde und Zeichen für Robustheit. Denn der schlicht gestrickte Voll-Starrachser benimmt sich auf der Straße recht unkultiviert. Er vermittelt eine sehr elementare Freude an der Fortbewegung. Rost war durchaus ein Thema, sonst hätten noch mehr überlebt. Ich freue mich jedes Mal, wenn ich einen T1 sehe, und wenn die Abstände zu lang werden, nehme ich mein Siku-Modell Mercedes 208 »Airport Service« als Neunsitzer-Bus zur Hand und denke: Was für ein schönes Design.

Innen geht es so karg zu wie in einem frühen G-Modell. Einziger Luxus ist das Becker-Avus-Radio. Der Schalthebel ist am unteren Bildrand in Reichweite.

Kuckucksei aus Japan

Es verwässert die Markenidentität, wenn Autohersteller fremde Modelle adoptieren, um ihre Palette zu ergänzen. Vor allem, wenn sie selbst diese Lückenbüßer entwickeln könnten.

VW Taro, Typ 7A

Motor	R4 Diesel, 2446 cm^3
Leistung	83 PS b. bei 4200/min
Gewicht	1385 kg
Vmax	145 km/h
Bauzeit	1989–1997
Preis*	8900 Euro

Deshalb habe ich es auch nie verstanden, dass Nissan ausgerechnet den VW Santana von 1984 bis 1997 in Lizenz baute, obwohl es die Eigengewächse Stanza, Bluebird und Laurel gab. Auch der Volkswagen Taro gab mir ein Rätsel auf. Der Pickup für eine Tonne Nutzlast fuhr umgekehrt in Richtung Abendland und lief als Lizenzversion des Toyota Hilux, Typ YN 80, im

VW-Transporterwerk Hannover von 1989 bis 1997 vom Band, überflüssigerweise direkt neben den Pritschenwagen von Transporter T3 und T4. Nichts an ihm, bis auf das Emblem, stammt von VW. Weder die drei Vierzylinder-Benziner von 79 bis 112 PS noch der 2,4-Liter-Diesel mit 83 PS. Ob Styling, Stahlfelgen, Instrumente oder Sitze, alles reflektiert den kruden, hyperrationalen Nippon-Einheitsstil.

Damals fand ich den VW Caddy, Typ 14D, auf Golf-I-Basis originell, beim VW LT 35 beeindruckte mich der wohlklingende 2,4-Liter-Sechszylinder-Diesel, aber am VW Taro fand ich so wenig Reizvolles, dass ich sogar den Prospekt verweigerte. Gegen dieses blattgefederte Zweckmobil mit Standardantrieb und Lkw-Leiterrahmen ist eine VW-T4-Pritsche ein Ausbund an Leidenschaft. Der brave, in allen Fahreigenschaften äußerst durchschnittliche, aber sehr genügsame Toyota, Pardon Taro, übersetzt Emotion mit Unzerstörbarkeit, vorausgesetzt, er wurde hohlraumkonserviert. Vor allem der stoische Saugdiesel passt zu seinem rustikalen Charakter. Plante ich eine Weltreise, ich würde mich mit ihm anfreunden! Es muss kein Allradler sein, wenn die Nutzlast ausgeschöpft wird. Dann gibt es zwischen Bering- und Torres-Straße kaum ein besseres Auto.

Der Lastwagen-Leiterrahmen ist ein Langzeit-Vorteil des Taro, der inzwischen gar eine Fangemeinde in der VW-Szene fand.

Van es denn sein muss

Zugegeben, ich mag keine Vans. Für mich ist das Thema mit einem Volkswagen T4 2.5 TDI für alle Zeiten bestens gelöst. Geräumig, leistungsfähig, solide, und in der Linie steckt ein Hauch vom Passat-Nasenbär, meinem Lieblingskombi. Aber dieser typische VW-Bus, ein Auto-Urmeter nach DIN-Norm, wäre zu fantasielos.

Lancia Zeta 2.0 Turbo

Motor	R4, OHC,1998 cm³
Leistung	147 PS
Gewicht	1575 kg
Vmax	195 km/h
Bauzeit	1995–2002
Preis*	2500 Euro

Da fiel mir der Lancia Zeta plötzlich ein, schließlich sah ich unlängst die Version 2.0 Turbo für 1350 Euro auf dem Kiesplatz: »Guter Zustand, fahrbereit«. Und genau das hat mich zur Probefahrt inspiriert.

Ein Exote zweifellos, aber er spielt die begehrte Außenseiterrolle des luxuriösen Prestige-Vans mit viel Leistung. Damit bietet der Zeta genau das, was fanatische Limousinenfreunde wie mich notfalls mit dieser seltsamen Fahrzeuggattung versöhnt. Außerdem hat der Zeta einen erstklassigen Stammbaum. Er lässt sich nämlich in direkter Linie zur Italdesign-Studie Megagamma von1978 zurückverfolgen. Womit sich Automobilhistorikern die Frage stellt: »Wer hat's erfunden?«

Nicht Nissan Prairie, Mitsubishi Space Wagon oder Renault Espace, sondern Lancia Megagamma hieß die erste Großraum-Limousine modernen Frontantrieb-Zuschnitts. Leider kam er erst 16 Jahre später und statt auf exklusiver Gamma-Plattform mit Fiat-Baukastentechnik. Eurovan nennt sich das Joint Venture, das munter Zeta-Zwillinge in Gestalt des Fiat Ulysse, des Peugeot 806 und des Citroën Evasion zeugte.

Mir ist der Lancia der Liebste unter den Großraum-Tipo-4, stilistisch zeigt er ein klares Gesicht, was nicht jedem Van gelingt. Er fährt sich angenehm, ist leise, temperamentvoll und komfortabel. Seine ledergepolsterte Ausstattung wirkt gediegen. Schließlich war er mit 60.450 Mark der mit Abstand teuerste Eurovan. Rostprobleme sind selten, der Zeta ist vollverzinkt, und der niedrig belastete Turbomotor hält ewig.

Van de luxe: Lederpolsterung, eine Aussicht wie in einem komfortablen Bundesbahn-ICE der ersten Generation und ein üppig bestücktes Cockpit für Hobby-Reisebusfahrer.

Motor Klassik
MARKTPLATZ

»Drei Dinge braucht der Mann: Cowboystiefel, Sonnenbrille – und einen Mustang.«

Michael Schröder
Redakteur
Motor Klassik

www.motor-klassik.de